图 2-48 客厅效果图

图 2-54 餐厅效果图

图 2-59 厨房效果图

图 2-63 主卧效果图

图 2-69 卫生间效果图

图 3-1 常见标准客房平面布置图

图 3-2 大堂空间效果图

图 3-8 多功能厅效果图

图 3-15 餐厅通道效果图

图 4-1 普通教室效果图

图 4-8 书法教室效果图

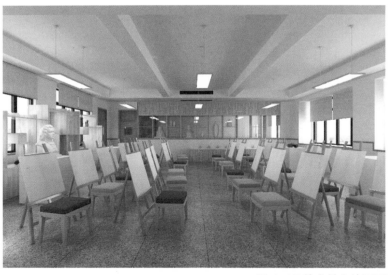

图 4-17 美术教室效果图

图 4-25 音乐教室效果图 1

图 4-26 音乐教室效果图 2

图 4-33 计算机教室效果图

图 5-1 A 站站厅层效果图

图 5-2 A 站站台层效果图

图 5-13 B 站站厅层效果图

图 5-14 B 站站台层效果图

图 6-1 董事长办公室效果图

图 6-10 接待室效果图

图 6-20 电梯厅效果图

图 6-27 贵宾接待室效果图

图 7-1 大厅效果图

图 7-10 电梯厅效果图

图 7-19 护士站效果图

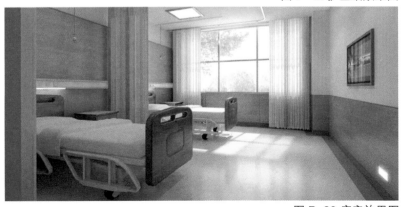

图 7-26 病房效果图

# 室内装饰设计快速入门

主编　王剑锋
主审　何静姿

中国建筑工业出版社

**图书在版编目（CIP）数据**

室内装饰设计快速入门/王剑锋主编. —北京：中国
建筑工业出版社，2016.6
ISBN 978-7-112-19267-0

Ⅰ．①室…　Ⅱ．①王…　Ⅲ．①室内装饰设计
Ⅳ.①TU238

中国版本图书馆 CIP 数据核字（2016）第 059897 号

　　本书首先介绍了室内装饰设计的概念、内容、步骤及设计者应具备的
条件等，接下来从住宅、酒店、中小学教室、地铁站点、办公商务空间、
医院等6个章节对各类典型功能建筑的室内空间、环境、色彩等进行分
析，并给出相应室内装饰设计的基本理论，使读者快速理解掌握各空间装
饰设计的基本处理方法。同时，本书在各章列举了相应的优秀设计作品案
例（包括效果图和部分施工图），从而使读者能更深入地理解室内建筑装
饰设计的基本知识。

　　本书特别适合准备从事室内装饰设计的读者和室内装饰设计初学人
员，通过阅读本书能迅速并充分掌握室内装饰设计的基本要领，合理布置
运用各类空间，使不同的空间在满足基本功能的前提下更加美观、合理。

责任编辑：王　磊　　田启铭
责任设计：李志立
责任校对：赵　颖　　张　颖

**室内装饰设计快速入门**
主编　王剑锋
主审　何静姿
\*
中国建筑工业出版社出版、发行（北京西郊百万庄）
各地新华书店、建筑书店经销
霸州市顺浩图文科技发展有限公司制版
北京建筑工业印刷厂印刷
\*
开本：787×1092 毫米　1/16　印张：12　插页：4　字数：296 千字
2016 年 8 月第一版　　2016 年 8 月第一次印刷
定价：48.00 元
ISBN 978-7-112-19267-0
（28484）

# 本书编委会

主　　编：王剑锋

主　　审：何静姿

顾　　问：王云江

副 主 编：赵　亮　王凌华　楼忠良　王景升

参编人员：（按姓氏笔画排列）

　　　　　王剑锋　王凌华　王景升　叶　峰　刘晓燕　沈　旋

　　　　　陈建荣　金　煜　赵　亮　倪许梁　徐　英　郭跃骅

　　　　　楼忠良　虞晓磊

# 前　　言

　　室内建筑装饰设计是从建筑设计中的装饰部分演变出来的，是对建筑物内部环境的再创造。随着现代建设的快速发展，人民生活水平的不断提高，建筑室内装饰设计渐渐进入越来越多人的视线，也逐渐成为一个热门的行业，从事室内装饰设计的人数也不断攀升。在这样的大环境下，迫切需要为室内装饰设计人员尤其是初学者提供科学、高效、易懂的理论结合实践的基本知识和基础技能，使之能够在较短时间内成为具备初级室内装饰设计能力的专业人才。本书专为初学者编写，通过阅读本书能迅速并充分掌握室内装饰设计的基本要领，合理布置运用各类空间，使不同的空间在满足基本功能的前提下更加美观、合理。

　　本书首先介绍了室内装饰设计的概念、内容、步骤及设计者应具备的条件等，接下来分住宅、酒店、中小学教室、地铁站点、办公商务空间、医院等6个章节对各类典型功能建筑的室内空间、环境、色彩等进行分析，并给出相应室内装饰设计的基本理论，使读者快速理解掌握各空间装饰设计的基本处理方法。同时，本书在各章列举了相应的优秀设计作品案例（包括效果图和部分施工图），从而使读者能更深入地理解室内建筑装饰设计的基本知识。

　　本书遵循以项目为载体、以应用为目标的原则，内容翔实，实例新颖，图文并茂，通俗易懂，并注重知识性、实用性、实践性，具有较强的学习指导性。希望本书能给准备从事室内装饰设计的读者和室内装饰设计初学人员提供一定的帮助。

　　本书由浙江亚厦装饰股份有限公司王剑锋主编，何静姿主审。限于作者水平，本书难免有疏漏和不当之处，敬请广大读者不吝指正。

# 目　　录

# 第1章 室内装饰设计概述

## 1.1 室内装饰设计的概念

室内装饰设计又称室内环境设计，是人为环境设计的一个主要部分。室内装饰设计是一门复杂的综合学科，它涉及建筑学、社会学、心理学、民俗学、人体工程学、结构工程学、建筑物理学及建筑材料学等多种学科，更涉及家具、陈设、装饰材料、工艺美学、绿化、园林艺术等多个领域。

室内装饰设计是一种以科学为构造基础，通过艺术的形式表现来创造出一个精神与物质并重的室内生活环境的理性创造活动。它根据现代人们日常的生活习性，建筑物本身的类型，通过对每个特定空间的具体分析，如空间的使用安排、环境的地理位置、冷暖、光线等物质功能的要求，以及使用者的性格特性、当地的风土人情等精神功能方面的要求，来进行设计。

同时，室内装饰设计也是环境艺术设计的一部分，室内装饰设计并不是孤立的艺术，与之联系最紧密的就是建筑设计。建筑设计是室内设计的基础，而室内装饰设计是对建筑设计的延续和深化。室内装饰设计的重要特点是它的空间性，它是在建筑限定的空间内进一步完善和丰富建筑设计的空间和层次，而不是以实体构成为主要目的。所以，如果在建筑设计阶段，室内设计师就与建筑设计师进行合作交流，将有利于室内设计师创造出更理想的室内使用空间。

## 1.2 室内装饰设计的内容

室内装饰设计作为一个综合性的设计系统，其内容主要包含室内空间组织、空间界面的创造；室内平面功能分析和布置；地面、墙面、顶棚等各界面的装饰设计；考虑室内采光、照明等要求；确定室内主色调和色彩配置；选择各界面的装饰材料、确定构造做法；协调室内环控、水电设备的要求；家具、灯具、陈设等的布置、选用或设计；室内绿化布置等。

### 1.2.1 空间设计

空间设计是室内设计的起点，也是室内设计最基本的内容。空间设计主要包括对空间的利用和组织、空间界面处理两个部分。空间设计的标准要求是室内环境合理、舒适、科学，与使用功能相吻合，并且符合安全要求。

空间组织是根据原建筑设计的意图和使用人的具体意见对室内空间和平面布置予以完善、调整和改造，以及对不同区域合理连接和对交通路线的安排。

空间界面主要是指墙面、隔断、地面和顶面，它们的作用是分割空间和确定各功能空间之间的沟通范围。界面设计就是按照空间组织的要求对室内的各种界面进行处理，包括设计界面的形状以及界面和结构的连接构造。

总之，住宅室内空间设计就是对生活的设计，当今的住宅空间架构呈现开放、流动、多元的特征趋势，空间的开放允许生活行为的交叉重叠，区域的分割变得灵活而富有弹性，机能配置和审美趣味的提升，使得空间架构的规划更多地涉及个人心灵层面的一种体验和思考。

## 1.2.2　装饰材料与色彩设计

装饰材料的选择，是室内设计中直接关系到实用效果和经济效益的重要环节。在选择装饰材料时首先要考虑室内环境保护的要求，其次考虑是否符合整体设计思想、是否符合装饰功能的要求，同时还要符合业主的经济条件。除了环保、功能和经济等方面外，材料的质地也会给人不同的感觉，粗糙质感会使人感觉稳重、粗犷，细腻的质感使人感觉轻巧、精致。合理地运用材质的变化，可以极大地增强室内设计的艺术表现力。

色彩是室内设计中最生动、最活跃的因素，它能对人的生理、心理以及室内效果的体现产生很重要的影响。色彩设计的标准要求是色彩与色光的配置应该适合室内空间的需要，各装饰面和各种家具陈设的色彩应该与主色调相协调。

在色彩设计上，首先要从整体环境出发，考虑空间的功能特性、气候朝向、地域和民族审美习俗等因素。色彩可分为暖色和冷色两大类，暖色给人以温暖的感觉，容易使人感到兴奋，冷色给人以清凉的感觉，使人感到沉静。室内的色彩设计虽然比较灵活，但是也要遵循一定的规律。例如同一房间的主色调不要超过 3 种，顶棚颜色不宜比墙面颜色深等等。

## 1.2.3　采光与照明

采光与照明设计的标准要求是自然采光与人工光源相辅相成，照明应满足室内设计的照度标准，灯饰应该符合功能要求。在进行室内照明设计时，应该根据室内使用功能、视觉效果以及艺术构思来确定照明的布置方式、光源类型和灯具造型。灯具的布置方式就是确定灯具在室内空间的位置，根据灯具的布置方式可以把照明分为环境照明、重点照明和工作照明三种类型。

环境照明是在室内进行均匀的照明，环境照明的光线主要来自壁灯、吊灯等高处的光源。重点照明用于突出艺术装饰或某个需要引人注目的对象，从而达到强调物体的目的，嵌入式射灯、轨道射灯都可以提供重点照明的光线。工作照明是在做用眼较多的工作时所需要的高亮度光线照明，例如书房中的台灯、梳妆台两侧的灯具等。

在灯具的样式方面，灯具的尺寸、造型、颜色都要与室内的装饰、色彩、陈设等保持风格上的协调统一，从而体现出整体的设计效果。

## 1.2.4　陈设与绿化

陈设是指室内除了固定于墙、地、顶面的建筑构件和设备外的一切实用或专供观赏的物品。设置陈设的主要目的是装饰室内空间，进而烘托和加强环境气氛，以满足精神需求，同时许多陈设还应具有实际的使用功能。

家具是最重要的陈设。作为现代室内设计的有机构成部分，它既是物质产品又是精神产品，是满足人们生活需要的功能基础。在选择和设计家具时既要考虑家具的造型、色泽、质地和工艺等，还要符合使用功能并且与总体设计基调和谐。家具应符合人体工程学，另外还要特别注意家具的摆放位置和分割空间的作用。

室内绿化具有改善室内小气候的功能，更重要的是室内绿化可以使室内环境生机勃勃，令人赏心悦目。绿色陈设的表现形式是多种多样的，最常见的有盆栽、盆景和插花等。室内植物的选择是双向的，对室内来说，是选择什么样的植物较为合适，对于植物来说，应该是什么样的室内环境才适合生长。所以在设计绿化时不能盲目进行单方面选择。

## 1.3　室内装饰设计的种类

室内装饰设计涉及的内容非常丰富和广泛，了解和掌握它的分类有利于我们有针对性地展开工作。室内装饰设计分类的依据不同，划分种类也不同。按照人的使用功能划分，室内装饰设计可大致分为四大类型，即居住建筑室内设计、公共空间建筑室内设计、工业建筑室内设计和农业建筑室内设计。每一类型都有着明确的使用功能，这些不同的使用功能所体现的内容构成了设计空间的基本特征。接下来我们将着重介绍一下居住建筑室内装饰设计和公共建筑室内装饰设计。

### 1.3.1　居住建筑室内装饰设计

居住建筑是人们生活的重要空间，体现着人们个性化的生活理念。创造一个科学舒适的居住环境将有利于提高人们的生活质量。居住建筑包括以下几种类型。

**1. 单元式住宅**

单元式住宅又称为梯间式住宅，是以一个楼梯为几户服务的单元组合，住户由楼梯平台直接进入分户门，每个楼梯的控制面积就称为一个居住单元。

**2. 公寓式住宅**

公寓式住宅是相对于独院独户的西式别墅住宅而言的。公寓式住宅一般建在大城市，大多数是高层大楼，标准较高，每一层内有若干单户使用的套房，包括卧室、起居室、客厅、浴室、厕所、厨房、阳台等，还有一部分附设于旅馆酒店内部，供往来的客商及家眷中短期租用。

**3. 别墅式住宅**

一般都是带有花园、草坪和车库的独立院式住宅，建筑密度很低，内部居住功能完备，装修豪华并富有变化，住宅水、电、暖供给一应俱全，户外道路、通讯、购物、绿化也有较高的标准。

**4. 集体宿舍**

宿舍是一个集体休息、娱乐、学习、工作的多功能空间。它既具有集体性，同时又具有一定的私密性，必须平衡好各种关系，才能保持和谐的环境。

## 1.3.2　公共建筑室内装饰设计

公共建筑为人们提供进行各种社会活动所需要的公共生活空间。在建造中需要保证公众使用的安全性、合理性和社会管理的标准化。它除了要保证满足技术条件外还必须严格地遵循一些标准、规范和限制。公共建筑主要包括商业建筑、旅游建筑、办公建筑、医疗建筑、观演建筑、文教建筑、体育建筑、展览建筑、交通建筑和科研建筑等。

**1. 商业建筑**

商业建筑是城市公共建筑中量最大、面最广的建筑，并且广泛涉及居民的日常生活，是反映城市物质经济生活和精神文化风貌的窗口。它的室内空间环境的设计以激发消费者购物欲望和方便购物为原则，具有良好的声、光、热、通风等物理环境和得当的视觉指示引导。商业建筑包括商店、自选商场、超市、综合型购物中心等。

**2. 旅游建筑**

旅游建筑具有环境优美、交通方便、服务周到、风格独特等特点。在设计上应具备现代化设施，并能反映民族特色、地方风格和浓郁的乡土气息，使游人在旅游过程中不仅能有舒适的生活，还可以了解地方特色，丰富旅游生活。旅游建筑包括酒店、饭店、宾馆、度假村等。

**3. 办公建筑**

办公建筑是现代都市中最富设计特色和科技含量的代表性建筑。办公建筑室内各类用房的布局、面积比、综合功能以及安全疏散等方面的设计都应当根据办公楼的使用性质、建筑规模和相应标准来确定。现代办公建筑更趋向于重视人及人际活动在办公空间中的舒适感及和谐氛围的处理，而新形式办公方式的出现也促进了办公建筑设计形式的发展。办公建筑主要指各种办公大楼，如机关、企事业单位办公楼等。

**4. 医疗建筑**

满足医疗功能和先进医疗设备技术的要求，以人为本，营造病人及医护人员治疗享受的生活环境，是医疗建筑设计的重点。这不仅是对病人心理上的满足，同时还树立了很好的自身形象。医疗建筑主要有医院、门诊部、疗养院等。

**5. 观演建筑**

观演建筑是人们文化娱乐的重要场所，其中包括电影院、剧场、杂技场、音乐厅等。此类建筑的设计应具有良好的视听条件，能够创造高雅的艺术氛围，并且建立舒适安全的空间环境。

**6. 文教建筑**

文教机构是从事文化教育工作的场所，它的建筑要体现其文化的特点。在满足教育功能需要的同时，需进一步注重育人环境的营造，针对不同年龄段的人群主体，创造不同层次的育人环境。在设计中以不同的建筑布局、空间组织、色彩运用等建筑手法，融安全性、教育性、艺术性为一体，体现出人文精神、时代特点和独特风格。文教建筑包括幼儿园、学校、图书馆等。

**7. 体育建筑**

随着社会、经济发展和人民生活水平及生活质量的提高，人们对健身、休闲提出了更高的要求，体育设施进入了一个新的建设高潮。体育建筑的设计应根据其类别、等级、规模、用途和使用特点重点定位为几个方面：标识引导系统、安全性控制标准化系统、色彩系统、照明系统、视线控制、装饰的持久性、无障碍设计及商业运营。同时应确保其使用功能、安全、卫生、技术等方面的达标。体育建筑包括各类体育场馆、游泳馆、健身房等。

**8. 展览建筑**

展览建筑是一个国家经济发达水平、社会文明程度的重要标志，承载着人们对城市和历史的记忆与理解。在深入研究展览建筑的文化性、艺术性以及功能要求的基础上，还要考虑建筑形态与周边环境的融合，建筑空间布置合理，参观路线清晰，能很好地引导参观者的走向，应充分利用建筑自身特点来最大限度地满足展览馆的功能要求和参观者的使用要求。展览建筑包括美术馆、展览馆、博物馆等。

**9. 交通建筑**

交通建筑是人员密集的公共场所，包括车站、候机楼、码头等。在交通建筑的设计中应遵循简捷、健康、安全、环保的原则。车站入口、通道、站厅、站台、地铁站空间的组织布局，都应该简洁、明确，方便旅客识别。

**10. 科研建筑**

科研建筑包括研究所、科学实验楼等。科研建筑的设计既要满足使用者对建筑空间的功能需求，也要考虑使用者的精神需求。因为适合的建筑空间设计对于改善科研人员的工作状态，激发科研人员的灵感有着积极的作用。

# 1.4 室内装饰设计的程序和步骤

室内装饰设计根据设计的进程，通常可以分为四个阶段，即设计准备阶段、方案设计阶段、施工图设计阶段和设计实施阶段。

## 1.4.1 设计准备阶段

设计准备阶段主要是接受委托任务书，签订合同，或者根据标书要求参加投标。明确设计期限并制订设计计划进度安排，考虑各有关工种的配合与协同。

明确设计任务和要求，如室内设计任务的使用性质、功能特点、设计规模、等级标准、总造价，根据任务的使用性质所需创造的室内环境氛围、文化内涵或艺术风格等；熟悉设计有关的规范和定额标准，收集分析必要的资料和信息，包括对现场的调查踏勘以及对同类型实例的参观等。

在签订合同或制定投标文件时，还应包括设计进度安排、设计费率标准（即室内设计费占室内装饰总投入资金的百分比，通常由设计单位根据任务的性质、要求、设计复杂程度和工作量，提出收取设计费率，通常在 $4\%\sim8\%$，最终与业主商议确定），设计费的收取也有按工程量来计算的，即单位面积设计费乘以设计工程总面积。

## 1.4.2 方案设计阶段

方案设计阶段是在设计准备阶段的基础上，进一步收集、分析、运用与设计任务有关的资料与信息，构思立意，进行初步方案设计，深入设计，进行方案的分析与比较。

确定初步设计方案，提供设计文件，室内初步方案的文件通常包括：

（1）平面图（包括家具布置），通常比例 1∶50、1∶100。

（2）室内立面展开图，通常比例 1∶20、1∶50。

（3）平顶图或仰视图（包括灯具、风口等布置），常用比例 1∶50、1∶100。

（4）室内透视图（彩色效果）。

（5）室内装饰材料实样版面（墙纸、地毯、窗帘、室内纺织面料、暗地面砖及石材、木材等均用实样，家具、灯具、设备等用实物照片）。

（6）设计意图说明和造价概算。

初步设计方案需经审定后，方可进行施工图设计。

### 1.4.3　施工图设计阶段

施工图设计阶段经过初步设计阶段的反复推敲，当设计方案全部确定以后，准确无误地实施就主要依靠于施工图阶段的深化设计。施工图设计需要补充施工必需的有关平面布置、室内立面和平顶等图纸等，还需包括构造节点详图、细部大样图以及设备管线图，编制施工说明和造价预算。

### 1.4.4　设计实施阶段

设计实施阶段也即是工程的施工阶段，室内装饰工程在施工前，设计人员应向施工单位进行设计意图说明及图纸的技术交底。工程施工期间需按图纸要求核对施工实况，有时还需要根据现场实况提出对图纸的局部修改或补充（由设计单位出具修改通知书），施工结束时，会同质检部门和建设单位进行工程验收。

为了使设计取得预期效果，室内设计人员必须抓好设计各阶段的环节，熟悉与原建筑物的建筑设计、设施（风、水、电、暖等设备工程）设计的衔接，充分协调好与建设单位和施工单位之间的相互关系，在设计意图和构思方面取得沟通与共识，以取得理想的设计工程成果。

## 1.5　室内装饰设计的现状及发展趋势

### 1.5.1　室内装饰设计的现状

室内装饰设计在中国已有了近 30 年的发展历史，在这 30 年的发展过程中，经历了很多思想与品位演变的中国室内装饰设计已呈现出多元性、复合性的特点，但同时也存在行业不规范、设计师整体水平不高、设计的民族特性不强等问题。

只有充分而深刻地发现问题，才能更好地解决问题。中国室内装饰设计的未来必然向着产业化、科技智能化、民族化等方向蓬勃发展。但与欧美发达国家相比，我们的室内装饰设计还只是刚刚起步，仍是一个十分年轻的产业，需要探索的东西还有很多。

## 1.5.2　室内装饰设计的发展趋势

**1. 以人为本的设计**

以人为本是室内装饰设计永远的主题，未来室内装饰设计的发展也将延续与深化这一主题。住宅的核心是人、环境和建筑，它的目标是全面提高人居环境品质，满足人所处环境的健康性、自然性、环保性、亲和性和行动性，以保障人民健康，实现人文、社会和环境效益的统一，使人们生活在舒适、卫生、安全和文明的居住环境中。

**2. 回归自然化设计**

生态、绿色及环保化人类社会发展到现在，工业化带来了巨大的财富，但同时也改变了人类赖以生存的自然环境，一些人类赖以生存的基本物质保障或消失，或减少，或恶化。自然环境问题已摆在人们的面前而迫使人类思考。随着人类对环境认识的深化，人们逐渐意识到环境中自然景观的重要。不论是建筑内部，还是建筑外部的绿化和绿化空间；不论是私人住宅，还是公共环境，生态、绿色、环保都成为主题。通过回归自然，打破室内外的界限，使人们联想到自然，感受大自然的温馨，身心舒逸。因此，人们在满足了对环境的基本要求后，回归自然成了我们现代人新的追求方向。

**3. 个性化设计**

个性化设计是为了打破千篇一律的同一化模式。一种设计手法是把自然引入室内，室内外通透或连成一片。另一种设计手法是打破水泥方盒子，用斜面、斜线或曲线装饰，打破水平或垂直线以求得变化。还可以利用色彩、图画、图案以及玻璃镜面的反射来扩展空间等，打破千人一面的冷漠感，通过精心设计，给每个不同的空间以个性化的特征。

**4. 科技智能化设计**

随着经济的飞速发展以及人们对生活居住条件的要求日益提高，科技智能正逐步走入寻常百姓家，科技智能化设计将成为未来设计发展的方向。科技智能化提倡新技术、新产品、新设备、新工艺的运用来使科技转化为实际生产力，来实现高速度、高效率、高功能，创造出理想的现代化空间环境，推进设计产业的现代化。

当然，目前室内装饰设计的各种规范还未健全，而室内装饰设计从不规范到比较规范、再到相对规范，需要经历一个过程。我们相信，这个过程不会需要太多的时间，室内装饰设计行业一定会走向规范，最终必定会有一个很好的发展环境。

# 1.6　室内设计师所要具备的素质及条件

**1. 具备建筑单体设计知识与总体环境设计基本知识**

通过有关课程如"建筑初步"、"房屋建筑学"、"公共建筑设计原理"以及城市规划学科中有关总体环境规划方面的课程学习，要求室内设计者具备对建筑单体功能分析能力，以及平面布置、平面构图、空间组织、形体设计等的必要知识和素养的形成，具备对总体环境和环境艺术的理解素养。

**2. 具备建筑材料、装饰材料、建筑构造、建筑结构、装饰装修预算和施工技术方面的基本知识**

通过"建筑及装饰材料"、"建筑构造"、"建筑结构基础知识"、"预算"、"施工技术"等课程学习，应掌握基本建筑装饰材料、装饰构造、装饰施工工艺工序等方面基础知识。

**3. 具备建筑室内的声、光、热等建筑物理基本知识和水、电、空气调节等建筑设备基本知识**

通过"建筑物理"、"建筑设备"等课程学习，要求基本掌握特定功能的室内音质标准、住宅隔声措施的运用、采光与照明基本知识、保温隔热基本措施、水电与空调采暖设施的室内基本布置、面层的装饰处理以及与各专业设计师、工程师之间如何配合。

**4. 对人体工程学、环境心理学等有关基本知识的了解以及计算机绘图技术的掌握**

对于人体工程学与环境心理学等相关学科，在室内设计中只是应用了其较少部分的基本原理，可以通过相关的课程学习应加以了解，深入学习应必须参考相关书籍。现代计算机绘图软件，则是设计师绘图工作的基本工具，在计算机基础课程之后，主要靠自行学习和训练，以便对各种绘图软件的应用达到熟练掌握程度。

**5. 具有一定的美术素养和室内设计的手绘表现能力**

通过一定程度的"素描与色彩"、"室内设计效果图表现技法"、"建筑制图"等课程的训练，基本掌握一种以上手绘的室内设计彩色效果图的表现技法，以及熟练掌握室内设计施工图的绘制。

**6. 了解国内外历史传统、人文风俗、乡土民情**

对历史、传统、人文风俗、乡土民情的了解，主要靠平时自觉积累，以便在设计中能使设计作品具备文化内涵和达到针对性的目的。

**7. 全面熟悉和掌握有关的设计法律法规、各种规范，特别是强制性执行的标准与规范**

有关设计管理的法律、法规及各种设计规范，组成了设计领域的法律体系，是指导设计师正确完成设计作品，确保其正常使用和安全的保障措施，并且是设计方案获得相关部门审查后批准实施的首要前提条件。一定要通过学习，全面熟悉和掌握有关的设计法律、法规和标准、规范，特别是强制性执行的标准与规范。

# 第2章　住宅室内装饰设计

## 2.1　住宅室内装饰设计的概念

随着社会的进步和经济的发展，人们对住宅的要求也不断提高，住宅的定义在不断被改变，现代住宅并不指单纯意义上的"居住"需要，住宅逐渐从生存型向舒适型转变。

既要确保安全环保，有利于身心健康，又要具有一定的私密要求是住宅室内装饰设计的前提。在此基础上，居室的物质和精神功能应做到更为舒适方便、温馨恬静，并以符合住户和使用者的意愿，适应使用特点和个性要求为依据，对设计者要求能以多风格、多层次、有情趣、有个性的设计方案来满足不同住宅类别、不同居住标准和不同住户经济投入对多种类型、多种风格的室内居住环境的要求。设计师对住宅室内装饰设计时应考虑以下因素：

（1）家庭人口构成（人数、年龄、性别、成员之间关系等）；

（2）职业特点、工作性质和文化水平；

（3）业余爱好、生活方式、个性特征和生活习惯；

（4）民族和地区特点和宗教信仰；

（5）经济水平和消费投向的分配情况等。

## 2.2　住宅室内装饰设计的基本要求

### 2.2.1　使用功能布局合理

住宅的室内环境，由于空间的结构划分已经确定，在界面处理、家具设置、装饰布置之前，除了厨房和卫生间，由于有固定安装的管道和设施，它们的位置已经确定之外，其余房间的使用功能，或一个房间功能位置的划分，应按其特征和使用方法的要求进行布置，做到功能分区明确。集中归纳起来就是要做到公私分离、动静分离、洁污分离、干湿分离、食寝分离、居寝分离的原则，见图 2-1。

### 2.2.2　风格造型通盘构思

构思、立意，可以说是室内设计的"灵魂"。室内设计通盘构思，是说打算把家庭的室内环境设计装饰成什么风格和造型特征，即所谓"意在笔先"。先有了一个总的设想，然后才着手考虑、地面、墙面、顶面怎样装饰，买什么样式的家具，什么样式的灯具以及

图 2-1　住宅基本功能关系示意图

窗帘、床罩等室内织物和装饰小品。

当然，家庭和个人各有爱好，住宅内部空间组织和平面布局有条件的情况下，空间的局部或有视听设施的房间等处，在色彩、用材和装饰方面也可以有所变化。一些室内空间较为宽敞、面积较大的公寓、别墅则在风格造型的处理手法上，变化可能性更为多一些，余地也更大一些。

## 2.2.3　突出重点，利用空间

住宅室内设计应从功能合理、使用方便、视觉愉悦以及节省投资等综合考虑，要突出装饰和投资的重点。进入口的玄关、门厅或走道尽管面积不大，但常给人们留下深刻的第一印象，也是回家后首先接触的室内，宜适当从视觉和选材方面予以细致设计。起居室是家庭团聚、会客等使用最为频繁、内外接触较多的空间，也是家庭活动的中心，该部分空间的地面、墙面、顶面各界面的色彩和选材，均应进行重点推敲和设计。

## 2.2.4　色彩、材质的合理搭配

色彩是人们在室内环境中最为敏感的视觉感受，不同的颜色能够表达不同的情感，会带给人们不同的感受。所以，要正确运用色彩美学，处理好色彩与室内各方面的关系，在视觉和心理上让人体验到色彩带来的欢乐和享受。因此，根据主体构思，确定住宅室内环境的主色调至为重要。

住宅室内各界面以及家具、陈设等材质的选用，应该考虑人们近距离长时间的视觉感受，以及肌肤接触等特点，材质不应有尖角或过分粗糙，也不应采用触摸后对人体有不良影响的材料。家具的造型款式、家具的色彩和选用材质都将与室内环境的实用性和艺术性息息相关。例如，小面积住宅中选用清水亚光的粗木家具，辅以棉麻类面料，能使人们感到亲切淡雅。色彩的选择，与室内设计的风格定位有关，例如室内为中式传统风格，通常可以用红木、榉木或仿红木类家具，色彩为深咖啡色、棕色或麻黄色（黄花梨木），墙面常为白色粉墙。住宅室内装饰材料的选用，应按无污染、不散发有害物质的"绿色环保"装饰材料为标准，并符合国家、行业相关标准和规范。

### 2.2.5 合理运用照明灯光

在照明的设计中，首先以居住者的生活方式来选择灯具，做到基础照明与装饰照明相结合，在整体上结合考虑节能和环保，把握好房间的亮度、色温等，改变空间氛围，使空间富有层次感、节奏感。

### 2.2.6 充分发挥家具及陈设的实用功能

家具和陈设是现代室内设计的有机构成部分，在室内设计中有着举足轻重的作用。家具和陈设作为人们充分使用空间的中介，既是物质产品又是精神产品，在满足人们的基本生活需求的同时，家具及陈设还要满足人们轻松、愉悦的心理需求。可选择或设计舒适、有个性并与室内环境协调的家具，通过家具的线条、形状、色彩等，并结合整个空间的风格选取。室内陈设之美的核心是构建在陈设品与室内环境的协调、造型及色彩感知心理的基础之上。陈设品的点缀能使空间变得有灵气，赋予空间灵魂。

### 2.2.7 绿化对室内环境的点睛作用

植物本身具有自然的形象美，通过引入植物与室内环境有机的融合，从其自然形态、色彩和质感等方面与室内的人工环境产生鲜明的对比，打破室内人工装饰的呆板与生硬，为室内空间增添生气与活力。起到调整空间结构、美化室内环境的点睛作用。

## 2.3 住宅室内空间组成与空间特征

### 2.3.1 住宅的空间组成

根据住宅室内的流线分析，以及各空间的功能性质，通常可将其划分为三类：一是家庭成员公共活动空间；二是家庭成员个人活动的私密性空间；三是家庭成员的家务活动辅助空间。

**1. 公共活动空间**

群体区域是以家庭公共需要为对象的综合活动场所，是一个与家人共享天伦之乐兼与亲友联谊情感的日常聚会的空间，它不仅能适当调剂身心，陶冶情操，而且可以沟通情感，增进幸福。一方面它成为家庭生活聚集的中心，在精神上反映着和谐的家庭关系；另一方面它是家庭和外界交际的场所，象征着合作和友善。家庭的群体活动主要包括谈聚、视听、阅读、用餐、户外活动、娱乐及儿童游戏等内容。这些活动规律、状态根据不同的家庭结构和家庭特点（年龄）有极大的差异。主要包括门厅、起居室、餐厅、游戏室、家庭影院等种种属于群体活动性质的空间。

**2. 私密性空间**

私密性空间是为了家庭成员独立进行私密行为所设计提供的空间，它能充分满足家庭成员的个体需求。设置私密空间是家庭和谐的主要基础之一，其作用是使家庭成员之间能在亲密之外保持适度的距离，可以促进家庭成员维护必要的自由和尊严，解除精神负担和心理压力，获得自由抒发乐趣和自我表现的满足，避免无端的干扰，进而促进家庭情谊的和谐。私密性空间应针对多数人的共同需要，根据个体生理和心理的差异，以及个体的爱好和品味而设计。完备的私密性空间具有休闲性、安全性和创造性等特征，是能使家庭成员自我平衡、自我调整、自我袒露的不可缺少的空间区域。主要包括书房、工作间、卧室、卫浴室等处，是供人休闲、学习、工作、睡眠、梳妆、更衣、淋浴等活动和生活的私密性空间。

**3. 家务活动辅助空间**

家务活动包括一系列琐碎的工作，如清洁、烹饪、养殖等。人们必须为此付出大量的时间和精力。假如不具备完善的有关家务活动的工作场地和设施，家庭主妇们必将忙乱终日，疲于应付，不仅会给个人身心造成不良影响，同时会给家庭生活的舒适、美观、方便等带来损害。相反如果家务工作环境能够提供充分的设施以及操作空间，不仅可以提高工作效率，给工作者带来愉快的心情，而且可以把家庭主妇从繁忙的事务中一定程度地解放出来，参加和享受其他方面的有益活动。家务活动以准备膳食、洗涤餐具、衣物、清洁环境、修理设备为主要范围，它所需要的设备包括厨房、操作台、清洁机具以及用于储存的设备。因而家务工作区域的设计应当首先对每一种活动都给予一个合适的位置；其次应当根据设备尺寸以及使用操作设备的人体工程学要求给予其合理的尺度；同时在可能的情况下，使用现代科技产品，使家务活动能在正确舒适的操作过程中成为一种享受。

## 2.3.2　住宅室内的流线分析

流线俗称动线，是指日常活动的路线。

人们对流线的概念可能还不太熟悉，其实这是在平面布局设计中经常要用到的一个基本概念。它根据人的行为方式把一定的空间组织起来，通过流线设计分割空间，从而达到划分不同功能区域的目的。而且随着居民住房由满足需求型向改善型过渡，$100m^2$ 以上的大套型住宅逐渐成为目前房型的主流。空间如何规划，流线设计尤为关键。

一般来说，居室中的流线可划分为家务流线、家人流线和访客流线，三条尽量避免交叉，这是流线设计中的基本原则。如果一个居室中流线设计不合理，流线交叉，就说明空间的功能区域混乱，动静不分，有限的空间会被零散分割，居室面积被浪费，家具的布置也会受到极大的限制。

**1. 家务流线**

储藏柜、冰箱、水槽、炉具的顺序安排，决定了下厨流线。由储存、清洗、料理这三道程序进行规划，就不会有多绕几圈浪费时间、体力。除思考自己下厨的习惯外，充分地考虑流线，比如以 L 形流线安排设计厨房用品的摆设，会是女主人最轻松的下厨流线。一般户型家中的厨房可能比较狭窄，流线通常排成一直线，即使如此，顺序不当还是会引起使用上的不便。举例来说，假如料理台的流线规划是先冰箱、炉具，然后是水槽清洗，再走回炉具进行烹调，感觉流线并不顺畅，如果一开始的安排就是冰箱、水槽、炉具，使用起来会更流畅。

**2. 家人流线**

家人流线主要存在于卧室、卫生间、书房等私密性较强的空间。这种流线设计要充分尊重主人的生活格调，满足主人的生活习惯。目前流行的在主卧室里设计一个独立的浴室和卫生间，就是明确了家人流线要求私密的性质，为人们夜间起居提供了便利。此外，床、梳妆台、衣柜的摆放要适当，不要形成空间死角，使人感觉无所适从。

**3. 访客流线**

访客流线主要指由入口进入客厅区域的行动路线。访客流线不应该与家人流线和家务流线交叉，以免在客人拜访的时候影响家人休息或工作。流线作为功能分区的分隔线划分出主人的接待区和休息区。

流线就是把人的活动串联起来，使空间的格局满足人的需要。设计者通过流线设计可以有意识地以人们的行为方式加以科学的组织和引导，向人们传达动静分区的概念，改变不良的生活习惯，为业主提供人性化的住宅室内设计。

# 2.4 住宅室内各功能间的设计要点和人体尺度

在进行住宅室内装修设计时，应根据不同的功能空间需求进行相应的设计，也必须符合相关的人体尺度要求，下面就针对住宅中主要空间的设计要点进行讲解。

## 2.4.1 玄关

玄关是一家的脸面，住宅室内与室外之间的一个过渡空间，也就是进入室内换鞋、脱衣或从室内去室外整貌的缓冲空间，也有人把它叫做斗室、过厅、门厅。在住宅中玄关虽然面积不大，但使用频率较高，是进出住宅的必经之处。在房间装修中，人们往往最重视客厅的装饰和布置，而忽略对玄关的装饰。其实，在房间的整体设计中，玄关是给人第一印象的地方，是反映主人文化气质的"脸面"。玄关设计是家居设计的重要方面，好的玄关设计既能保持主人的私密性，为家居带来极强的装饰作用，同时还有很强的功能性，比如脱衣换鞋、挂帽挂伞等。下面具体介绍玄关主要设计方式和要点。

**1. 玄关设计方式**

（1）玻璃通透式，以大屏玻璃作为装饰，起到分割大空间的同时又能保持大空间的完整性的作用。

（2）格栅围屏式，主要以带有不同花格图案的透空木格栅屏做隔断，能产生通透与隐隔的互补作用。

（3）低柜隔断式，以低柜来限定空间，既可以储存物品杂件，有起到划分空间的功能。

（4）半敞半隐式，隔断下部为完全遮隐式设计。

**2. 玄关设计要点**

门厅的顶棚一般要考虑与地面的呼应关系，从两者之间的形状、位置方面作一呼应，从而进一步强化空间特征。

（1）玄关的颜色，玄关一般以清爽的中性偏暖色为主，很多人家喜欢用白色作为门厅的颜色，其实在墙壁上加一些比较浅的颜色，如橙色、绿色等，与室外有所区别，更能营造家的温馨。

（2）玄关的灯光，玄关基本没有自然采光，所以玄关要有足够的人工照明，一般来说，玄关内可以使用暖色和冷色的灯光，因为暖色能制造温情，冷色显得清爽，玄关内可以使用的灯具很多，以射灯、壁灯、反光灯槽为主，特别是反光灯槽和壁灯，能够在保证玄关亮度的同时，还能使空间显得高雅。

（3）玄关的家具，玄关的空间不大，家具的摆放应不妨碍出入，又能发挥功能，通常情况下，低柜和长凳比较有用，因为低柜属于集纳型家具，可以放鞋、杂物等，并且不会占用太大空间。

（4）玄关的隔断，为了避免客人在进入房门的时候对房间一览无余，可以在玄关和客厅之间设置软隔断，这个软隔断可以是屏风等，既有很好的装饰效果，又能起到阻隔视线的作用。

（5）玄关地面的造型设计，一定要与门厅的天花相协调。玄关的地面通常是家中摩擦最频繁的部分，因此，在选择玄关地面材料的时候，要考虑其坚固、耐磨、易打理的特性。

## 2.4.2　客厅

客厅有两个功能，一是家人团聚，二是招待客人，是家中非常重要的空间。客厅必须在某程度上体现主人的个性，好的设计除了顾及用途之外，还要考虑使用者的生活习惯、审美观和文化素养。客厅也是一个综合性的活动空间。从目前发展来看，客厅大多朝多用途方向设计。适当注意功能的分区，可以有效地利用空间，又不至于相互干扰。由于客厅多功能的使用性，具有面积大、活动多、人流导向相互交替等特点，在配置设计时应合理安排，充分考虑人流导航线路以及各功能区域的划分。然后再考虑色彩的搭配以及其他各项客厅的辅助功能设计。须注意的是，应先考虑功能后考虑形式。

**1. 客厅设计基本要求**

可以说，客厅是家居中活动最频繁的一个区域，因此如何处理这个空间就显得尤其关键。一般来说，客厅设计有以下几点基本要求：

（1）空间的宽敞化

客厅的设计中，制造宽敞的感觉是一件非常重要的事，不管空间是大还是小，在室内设计中都需要注意这一点。

（2）空间的最高化

客厅是家居中最主要的公共活动空间，不管是否做人工吊顶，都必须确保空间的高度，这个高度一般是指客厅应该是家居中空间净高最大者（楼梯间除外）。

（3）景观的最佳化

在室内设计中，必须确保不论从哪个角度所看到的客厅都具有美感，这也包括主要视点（沙发处）向外看到的室外风景的最佳化。

（4）照明的最亮化

客厅应该是整个居室光线（不管是自然采光或人工采光）最亮的地方，当然这个亮不是绝对的，而是相对的。

（5）风格的普及化

不管使用者任何一个家庭成员的个性或者审美特点如何，都必须确保其风格被大众所接受。这种普及并非指装修得平淡无奇，而是需要设计成让人和谐和比较容易接受的那种风格。

（6）材质的通用化

在客厅装修中，设计者必须确保所采用的装修材质，尤其是地面材质能适用于大部分或者全部家庭成员。

（7）交通的最优化

客厅的布局应该是最为顺畅的，无论是侧边通过式的还是中间横穿式的客厅，都应确保进入客厅或通过客厅的顺畅。

（8）家具的适用化

客厅使用的家具，应考虑家庭活动的适用性和成员的适用性。这里最主要考虑的是老人和小孩的使用问题，有时候我们不得不为他们的方便而做出一些让步。

**2. 客厅的照明设计**

家庭装修设计中，根据其客厅的不同用途使用多种照明方案，能使室内光线层次感增强，让空间气氛变得温馨。因此在各个照明器具或不同组合的线路上要设置开关或调光器，采用落地灯、台灯和可转向聚光灯等可动式灯具来局部照明，与起居室使用形式相应，能显示出变换不同气氛的设计。

客厅的灯光有两个功能，实用性和装饰性。为使家人在日常生活中，诸如阅读报纸、看电视、玩电脑等，能有恰当的照明条件，必须在设计时就考虑各种可能性。嵌入地板或墙壁中的布线以及墙壁上的插座应该仔细布局，因为台灯和落地灯的位置（还有其他电器）虽然可以灵活的移动，但是如果拉了很长的电线就会影响美观，同时也不安全。

根据客厅的各种用途，需要安装以下几种灯光。

（1）背景灯：为整个房间提供一定亮度，烘托气氛。

（2）展示灯：为房间的某个特殊部位提供照明，如一幅画、一件雕塑或者一组作品。

（3）照明灯：为某项具体的任务提供照明，如阅读报纸、看电视、玩电脑等。目前室内照明基本上提倡使用绿色节能的节能灯及 LED 灯等，不过还是有一些其他的选择。

（4）荧光灯：亮度高，可以放在灯盒内，作为泛光照明使用。无法调节亮度是它最大的缺点。

**3. 客厅设计的人体尺度**

在进行客厅装饰设计和家具布置时，应符合人体尺度，其客厅中常用人体的尺寸如图2-2～图2-9 所示。

## 2.4.3　餐厅

从早到晚，家人齐聚一堂，共同进餐的地方，就是餐厅。餐厅不仅仅是吃饭的地方，也是家人相互交流的场所。餐厅地方虽然小，但其独具匠心的设计能突出主人的生活品位和心灵感受。另外，餐厅往往与客厅相连，因此需要注意整体风格的统一，风格不要差异太大，这就是设计中的"统一中有变化、变化中有统一"。氛围上还应把握亲切、淡雅、温暖、清新的原则。

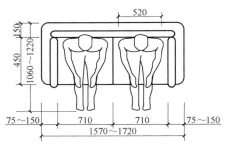

图 2-2　双人沙发（男性）

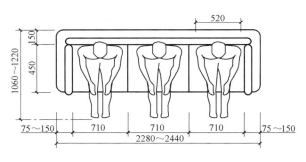

图 2-3　三人沙发（男性）

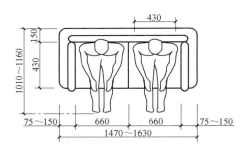

图 2-4　双人沙发（女性）

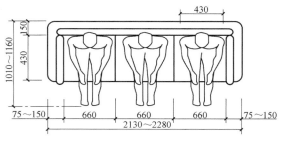

图 2-5　三人沙发（女性）

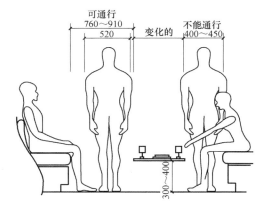

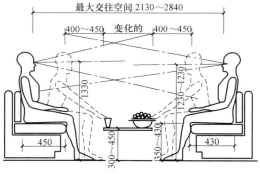

图 2-6　沙发间距

**1. 餐厅空间和人体尺度**

　　餐厅的设置方式主要有三种：第一厨房兼餐厅；第二客厅兼餐厅；第三独立餐厅。另外也可结合靠近入口过厅布置餐厅。狭长的餐厅桌子可以靠一侧摆放，尽量选择适合空间的桌椅。餐厅在居中的位置，除了客厅或厨房兼餐厅外，独立的就餐空间应安排在厨房与客厅之间，可以最大限度地节省从厨房将食物摆放到餐桌以及从客厅到餐厅就餐所耗费的时间和空间。餐厅内部家具主要是餐桌、椅、和餐边柜等，它们的摆放与布置必须为人们在室内的活动留出合理的空间。

　　餐厅的常用人体尺寸如图 2-10～图 2-17 所示。

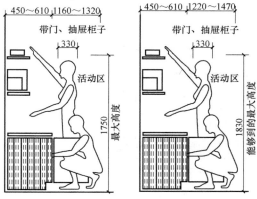

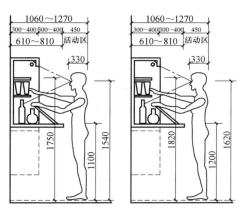

图 2-7　靠墙橱柜（左女右男）

图 2-8　酒柜（左女右男）

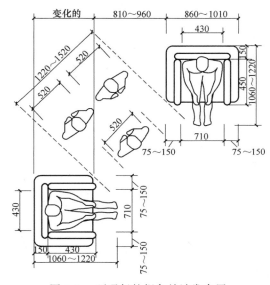

图 2-9　可通行的拐角处沙发布置

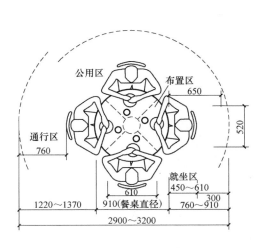

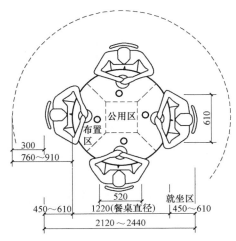

图 2-10　四人用小圆桌尺寸

图 2-11　四人用餐桌

**17**

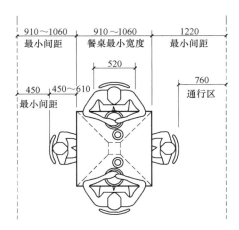

图 2-12　四人用小方桌尺寸

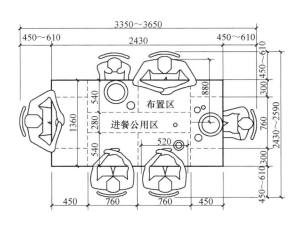

图 2-13　长方形六人进餐桌

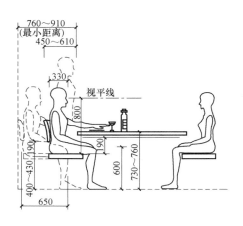

图 2-14　最小就座区间距（不能通行）

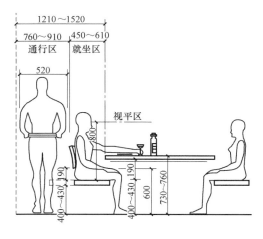

图 2-15　座椅后最小可通行间距

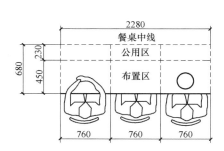

图 2-16　三人进餐桌布置

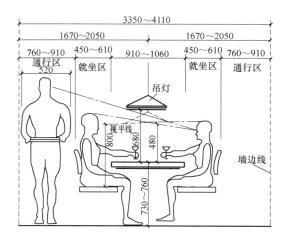

图 2-17　最小用餐单元宽带

**2. 餐桌尺寸的确定**

（1）方桌

760mm×760mm 的方桌和 1070mm×760mm 的长方形桌是常用的餐桌尺寸。如果椅子可伸入桌底，即便是很小的角落，也可以放一张六座位的餐桌，用餐时，只需要餐桌拉出一些就可以了。760mm 的餐桌宽度是标准尺寸，即使减小少也不宜小于 700mm，否则，对坐时会因餐桌太窄而互相碰脚。餐桌的脚最好是缩在中间，如果四只脚安排在四角，就很不方便。桌高一般为 710mm，配 415mm 高度的座椅。桌面低些，就餐时，可对餐桌上的食品看得更清楚些。

（2）圆桌

在一般中小型住宅中，如果用直径 1200mm 餐桌，常嫌过大，可定做一张直径为 1140mm 的圆桌，同样可坐 8~9 人，但看起来空间就比较宽敞。如果用直径 900mm 以上的餐桌，虽可坐多人，但不宜摆放过多的固定椅子。如直径 1200mm 的餐桌，放 8 张椅子，就很拥挤。可放 4~6 张椅子。在人多时，再用折椅，折椅可在储物室收藏。

（3）开合桌

开合桌又称伸展式餐桌，可由一张 900mm 方桌或直径 1050mm 圆桌变成 1350~1700mm 的长桌或椭圆桌（有各种尺寸），很适合中小型单位户型和平时客人多时使用。

**3. 餐椅尺寸的确定**

餐椅太高或太低，吃饭时都会感觉到不舒服，餐椅太高，会令人腰酸脚痛，餐椅高度一般以 410mm 左右为宜。餐椅座位及靠背要平直（即使有斜度，也以 2°~3°为适），坐垫约 20mm 厚，连底板也不超过 25mm 厚。有些餐椅做有 50mm 软垫，下面还有蛇形弹簧，坐这样的餐椅吃饭，并不会比前述的椅子舒服。

## 2.4.4 功能房

所谓多功能房，指的是对家务劳动发挥作用的房间。用途比较多，可作健身房、书房、储藏室等，稍事设计整理，便是全家大件物品的集散地了。趁装修之便，在其内部做柜子，分层分格，尺寸按照所需放置物品的规格。

如果家中有一间书房，那最理想不过。如果没有专门的书房，也可以选择舒适的角落辟出空间作为书房。在进行书房设计时，有下列几个方面要特别注意。

（1）通风：书房内的电子设备越来越多，如果房间内密不透风的话，机器散热令空气变得污浊，影响身体健康。所以应保证书房的空气对流畅顺，有利于机器散热。同样，摆放绿色植物，例如万年青、文竹、吊兰，也可以达到洁净空气的目的。

（2）温度：因为书房内摆放有电脑、书籍等，因此房间内的温度应该控制在 10~30℃之间。某些机器的使用对温度也有一定的要求，例如电脑不适宜摆放在温度较高的地方，也就是阳光直射的窗口旁、空调机吹风口下方、暖气机附近等。

（3）采光：书房采光可以采用直接照明或者半直接照明的方式，光线最好从左肩上端照射。一般可以在书桌前方放置亮度较高又不刺眼的台灯。

（4）色彩：书房的色彩一般不适宜过于耀目，但也不适宜过于昏暗。淡绿、浅棕、米白等柔和色调的色彩较为适合。

## 2.4.5 卧室

随着现代住宅的发展，人们希望卧室具有私密性、蔽光性，配套洗浴，静谧舒适，与住宅内其他房间分隔开来。卧室是整套房子中最私人的空间，可以更多地运用点、线、面等要素形式美的基本原则，使造型和谐统一而富于变化。

**1. 卧室设计的原则**

在卧室的设计上，追求的是功能与形式的完美统一，优雅独特、简洁明快的设计风格。在审美上，设计师要追求时尚而不浮躁，庄重典雅而不乏轻松浪漫的感觉。

利用材料的多元化应用、几何造型的有机融入、线条节奏和韵律的充分展现、灯光造型的立体化应用等表现手法，应极力营造舒适、温馨的气氛。

床头背景墙是卧室设计中的重头戏。床背应有稳定的依靠，且不应靠窗，自然光不宜从床背面射入。设计上更多地运用点、线、面等要素形式美的基本原则，使造型和谐统一而富于变化。

卧室中灯光更是点睛之笔，多角度的设置灯光使造型显得更加立体更加丰富多彩。人工照明应考虑整体与局部照明，卧室整体的照明光线宜柔和。

主卧面积许可的情况下，可营造出多个辅助休憩空间。如结合书桌布置的阅读书写区域、放置梳妆台的梳妆区域以及半躺卧休息区域和有咖啡桌、圈椅的闲谈区域。

卧室空间不高的情况下，尽量避免吊顶，最大限度地保持层高。

卧室应通风良好，对原有建筑通风不良的应适当改进。卧室的空调送风口不宜布置在直对人长时间停留的地方。

**2. 主卧室设计的要点**

卧室的地面应具备保暖性，一般宜采用中性或暖色调，材料有地板、地毯等。

墙壁约有 1/3 的面积被家具所遮挡，而人的视觉除床头上部的空间外，主要集中于室内的家具，因此墙壁的装饰宜简单些，床头上部的主体空间可设计一些有个性化的装饰品，选材宜配合整体色烘托卧室气氛。

吊顶的形状、色彩是卧室装饰设计的重点之一，一般以简洁、淡雅、温馨的暖色系列为好。

色彩应以统一、和谐、淡雅为宜，对局部的原色搭配应慎重，稳重的色调较受欢迎，如绿色系活泼而富有朝气，粉红系欢快而柔美，蓝色系清凉浪漫，灰调或茶色系灵透雅致，黄色系热情中充满温馨气氛。

卧室的灯光照明以温馨和暖的黄色为基调，床头上方可嵌筒灯或壁灯，也可在装饰柜中嵌筒灯使室内更具浪漫舒适的温情。

卧室不宜太大，空间面积一般 $15 \sim 20 \mathrm{m}^2$ 左右就足够了，必备的使用家具有床、床头柜、更衣低柜（电视柜）、梳妆台。如卧室里有卫浴室的，就可以把梳妆区域安排在卫浴室里。卧室的窗帘一般应设计成一纱一帘，使室内环境更富有情调。

**3. 次卧室设计的要点**

次卧室一般用做儿童房、青年房、老人房或客房。不同的居住者对于卧室的使用功能有着不同的要求。

当次卧室作为儿童房使用时，儿童房一般由睡眠区、贮物区和娱乐区组成，对于学龄期儿童还应设计学习区。儿童房的地面一般采用木地板或耐磨的复合地板，也可铺上柔软的地毯；墙面最好设计软包以免碰撞，还可采用儿童墙纸或墙布以体现童趣；对于家具的处理应尽量设计圆角，家具用料可选用色彩鲜艳的防火板，如空间有限可设计功能齐全的组合家具；儿童房的睡眠区可设计成日本式榻榻米加席梦思床垫，既安全又舒适。

儿童房的设计中，孩子的游戏区不可或缺，主要的原则有三方面。首先，儿童房内的用料与设备必须持久耐用。其次，噪声也是设计上要考虑的问题。最后，无论房间设计多优美，设备多新颖，房内安全措施是决不可忽视的，防火措施必须足够，此外房中的电源设施应装于较高位置。

当次卧室作为青年房使用时，除了上述功能区外还要考虑梳妆区。如果没有书房的话，在次卧室的设计中就要考虑书桌、电脑桌等组成学习区。青年房要体现宁静的书卷气。

当次卧室作为老人房使用时，则主要满足睡眠和贮物功能，老人房的设计应以实用为主。

**4. 卧室设计的人体尺度**

在进行卧室的处理时，其功能布置应该有睡眠、储藏、梳妆及阅读等部分，平面布置应以床为中心，睡眠区的位置应相对比较安静。其卧室中常用人体的尺寸如图 2-18～图 2-26 所示。

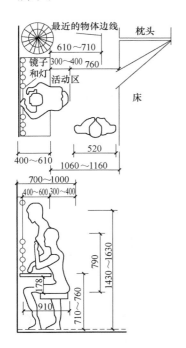

图 2-18 梳妆台

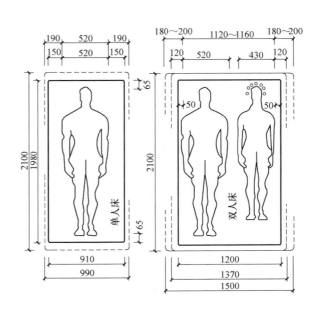

图 2-19 单人床与双人床

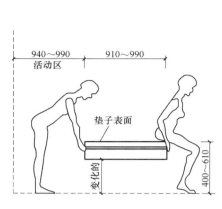

图 2-20 单床间与墙的间距

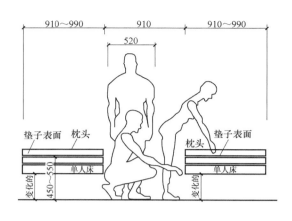

图 2-21 双床间床间距

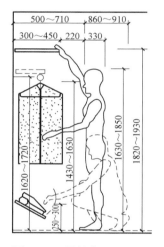

图 2-22 男性使用的壁橱

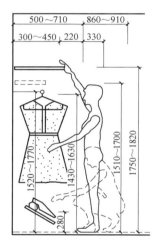

图 2-23 女性使用的壁橱

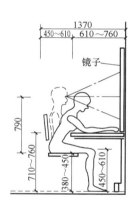

图 2-24 书桌

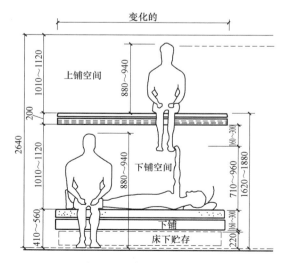

图 2-25 成人用双层床

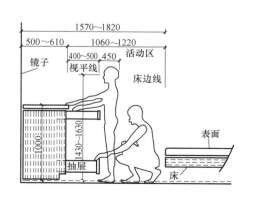

图 2-26 小床柜与床的间距

## 2.4.6　厨房

厨房是住宅生活设施密度和使用频率较高的空间部位，是家庭活动的重要场所。在设计上按照人们炊事劳动空间尺度和人体工程学的要求，应合理布局，安全实用。厨房首重实用，不能只以美观为设计原则。

**1. 厨房装修的基本原则**

（1）应有足够的操作空间。在厨房里，要洗涤和配切食品，要有搁置餐具、熟食的周转场所，要有存放烹饪器具和佐料的地方，以保证基本的操作空间。现代厨具生产已走向组合化，应尽可能合理配备，以保证现代家庭厨房拥有齐全的功能。

（2）要有丰富的储存空间。一般家庭厨房都尽量采用组合式吊柜、吊架，合理利用一切可贮存物品的空间。组合柜橱常用地柜部分贮存较重较大的瓶、罐、米、菜等物品，操作台前可延伸设置存放油、酱、糖等调味品及餐具的柜、架、煤气灶、水槽的下面都是可利用的存物场所。精心设计的现代组合厨具会使你储物、取物更方便。

（3）要有充分的活动空间。合理的厨房空间布局是顺着食品的贮存和准备、清洗和烹调这一操作过程安排的，应沿着三项主要设备即炉灶、冰箱和洗涤槽组成一个三角形。因为这三个功能通常要互相配合，所以要安置在最合宜的距离以节省时间人力。这三边之和以 4.57～6.71m 为宜，过长和过小都会影响操作。在操作时，洗涤槽和炉灶间的往复最频繁，建议应把这一距离调整到 1.22～1.83m 较为合理。为方便使用、有效利用空间、减少往复，建议把存放蔬菜的篮筐、刀具、清洁剂等以洗涤槽为中心存放，在炉灶旁两侧应留出足够的空间，以便于放置锅、铲、碟、盘、碗等器具。

**2. 厨房的常见设计样式**

（1）一字形：所有工作区沿一面墙一字形布置，给人简洁明快的感觉。这是在走廊不够宽、不能容纳平行式设计的情况下经常采用的方法，如图 2-27 所示。

（2）L 形：工作区沿墙作 90°双向展开成 L 形，可方便各工序连续操作。它所产生的视觉变化，令人有舒适感。烹饪者在工作时，有更广阔的空间，是最节省空间的一种设计。

适合空间比较灵活，面积大小均可。这种空间结构的厨房如果有较大的空间，空出的地方可安放餐桌。要避免 L 形的一边过长，那样会降低工作效率。如果是开放式的 L 形，可将短的一边设计成隔断的工作台，或直接设计成小餐桌，如图 2-28 所示。

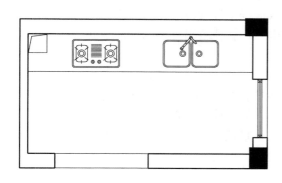

图 2-27　一字形厨房布置图

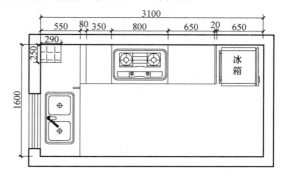

图 2-28　L 形厨房布置图

（3）U 形：这种配置的工作区有两个转角，它的功能与 L 形大致相同，甚至更方便。U 形配置时，工作线可与其他空间的交通线完全分开，不受干扰，如图 2-29 所示。

（4）岛形：即厨房中间摆置一个独立的料理台或工作台，家人和朋友可在料理台上共同准备餐点或闲话家常。由于厨房多了一个料理台，所以岛形厨房需要较大的空间，一般应在 15m² 以上，在别墅厨房的设计中比较常见，如图 2-30 所示。

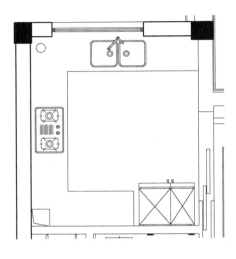

图 2-29　U 形厨房布置图

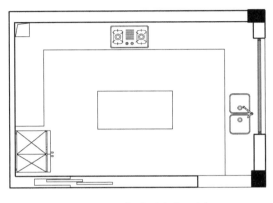

图 2-30　岛形厨房布置图

**3. 小厨房设计技巧**

（1）橱柜设计要简洁，虽然设计复杂的橱柜可能在收纳上更具优势，但式样复杂却会在视觉上让厨房变小，实际上，简洁的橱柜设计一样可以在功能上做好。

（2）借空间扩空间，如果想要把厨房的空间扩大，首先可以考虑向周围的空间"借地方"。例如把厨房向餐厅或者旁边的内阳台、书房等借一点地方。如果空间允许的情况下，这样就能把厨房扩大。即便是从另一个相邻的空间借出一个放冰箱的位置，这样也能提高厨房空间设计的可利用性。

（3）开发收纳空间，如果厨房的空间不能扩大，就只能考虑在有限的空间内怎样提高它的利用率。有的设计师建议可以把一些厨房用品和电器利用特制的柜子放置在一起。厨房的家电越来越多，如果一个电器占一个地方，这样本来就不大的厨房空间肯定就显得杂乱。所以最好就是做一个柜子，把微波炉、电饭锅等小件的厨房电器利用纵向的空间叠放起来。柜子做成竖放的一格格，每一格放一个电器，就能腾出更多的横向空间，这样厨房也能更整洁美观。

**4. 厨房色彩**

厨房的墙面一般为乳白色和白色（如白瓷砖或仿瓷涂料），给人以明亮、洁净、清爽的感觉。有时，也可将厨具的边缝配以其他颜色，如奶棕色、黄色或红色，目的在于调剂色彩，特别是在厨餐合一的厨房环境中，配以一些暖色调的颜色，与洁净的冷色相配，有利于促进食欲。

**5. 厨房设计的人体尺度**

在进行平面布置除考虑人体和家具尺寸外，还应考虑家具的活动范围尺寸大小。其厨房的常用人体尺寸如图 2-31～图 2-34 所示。

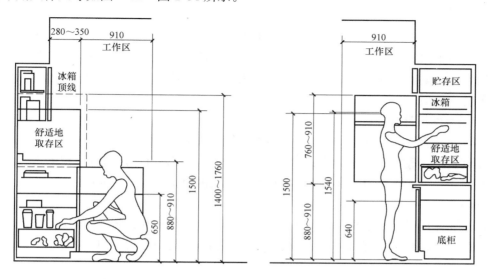

图 2-31 冰箱布置立面图

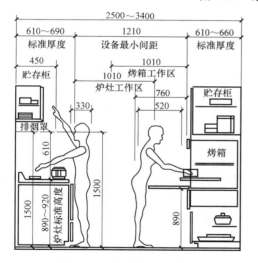

图 2-32 炉灶布置立面图

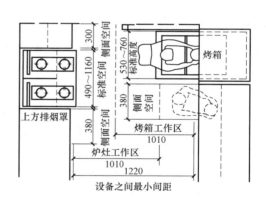

图 2-33 厨房设备布置图

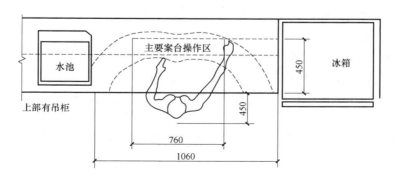

图 2-34 调制备餐布置图

## 2.4.7　卫生间

作为家庭住宅的一个必要组成部分，卫生间的环境影响着我们的家庭卫生和居住的心情，所以卫生间的设计要非常考究，不可马虎了事，卫生间设计得是否合理，同样对家居生活质量有着重要影响。装修卫生间，应实用与美观相结合，但首先要考虑功能使用，然后才是装饰效果。

**1. 卫生间设计的原则**

（1）使用要方便、舒适。卫生间的主要功能是洗漱、沐浴、便溺，有的家庭的卫生间还有化妆、洗衣等功能。现在的卫生间流行"干湿分离"，有些新式住宅已经分成盥洗和浴厕两间，互不干扰，用起来很方便。那些一间式的卫生间可以用推拉门或隔断分成干湿两部分，这是一个简单而非常实用的选择。

（2）要保证安全。主要体现在几个方面：地面应选用防水、防滑材料，以免沐浴后地面有水而滑倒；开关最好有安全保护装置，插座不能暴露在外面，以免溅上水导致漏电短路。

（3）通风采光效果要好。卫生间的一切设计都不能影响通风和采光，应加装排气扇把污浊的空气抽入烟道或排出窗外。如有化妆台，应保证灯光的亮度。

（4）装饰风格要统一。卫生间的风格应与整个居室的风格一致，其他房间如果是现代风格的，那么，卫生间也应是现代风格。卫生间装修也是体现家装档次的地方，装饰风格应亮丽明快，一般不要选择较灰暗的色调。由于国内较多家庭的卫生间面积都不大，选择一些色彩亮丽的墙砖会使空间感觉大一些。装饰材料应质地细腻，易清洗，防腐、防潮要求也较高，先应把握住整体空间的色调，再考虑墙地砖及天花吊顶材料。

**2. 卫生间设计的要点**

（1）地面：要注意防水、防滑，地面的瓷砖铺设非常重要，稍不注意滑倒就会对身体造成伤害，所以应特别注意卫生间的地板设计。

（2）顶部：防潮、遮掩最重要，顶部的防潮也很重要，有些家庭的顶部会出现渗水的现象，这就是设计不合理出现的。

（3）洁具：追求合理、合适的洁具。

（4）电路：安全第一，安全是最重要的。

（5）采光：明亮即可，明亮与否可以影响人的心情。

（6）绿化：能增添生气。

**3. 卫生间形式与空间尺度**

卫生间的设计包括各种装饰材料的选择、颜色的搭配、空间的配置等。

（1）色彩：卫生间的色彩选择具有清洁感的冷色调，并与同色调的搭配，低彩度、高明度的色彩为佳。

（2）空间：在卫生间的一面墙上装一面较大的镜子，可使视觉变宽，而且便于梳妆打扮。在卫生间门后较高处安上一个木制小柜，放一些平时不用又可随用随取的东西，这样可以解决卫生间的壁柜不够用的矛盾。

（3）高度：淋浴花洒高度在 205～210cm 之间，盥洗盆高度（上沿口）在 70～74cm 之间为宜，站立空间宽度不得少于 50cm。卫生间壁镜底部不得低于 90cm，顶部不能超过 200cm。

（4）洗衣机的放置空间宽度不能少于 35cm。

**4. 卫生间设计的人体尺度**

卫生间中洗浴部分应与厕所部分分开。如不能分开，也应在布置上有明显的划分，并尽可能设置隔帘等。浴缸及便池附近应设置尺度适宜的扶手，以方便老弱病人的使用。如果空间允许，洗脸梳妆部分应单独设置。其人体尺度及各设备之间的尺度如图 2-35～图 2-45 所示。

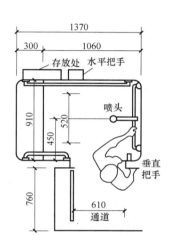

图 2-35　淋浴间平面

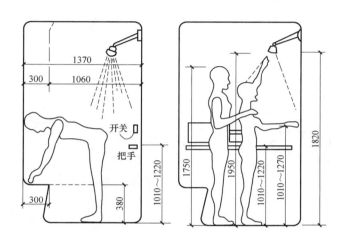

图 2-36　淋浴间立面

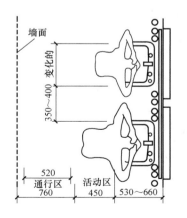

图 2-37　浴盆平面及间距

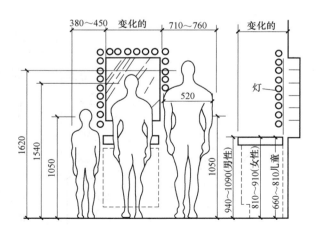

图 2-38　洗脸盆通常考虑的尺寸

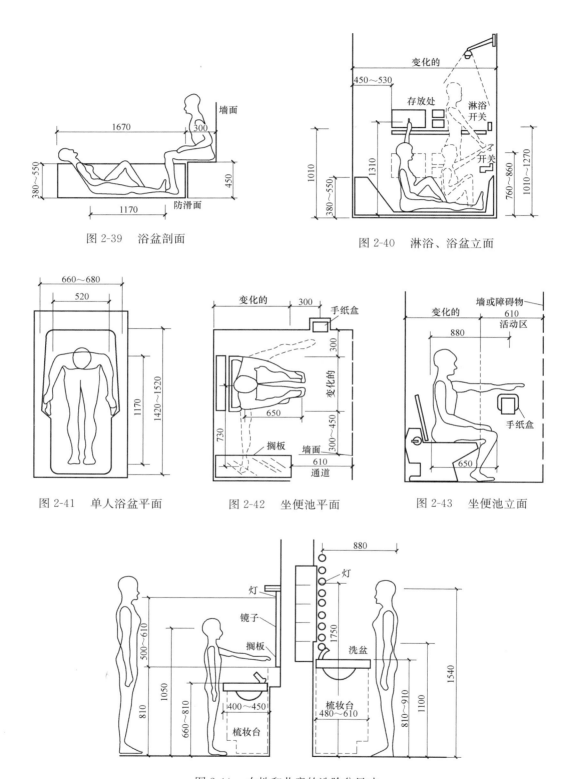

图 2-39　浴盆剖面

图 2-40　淋浴、浴盆立面

图 2-41　单人浴盆平面

图 2-42　坐便池平面

图 2-43　坐便池立面

图 2-44　女性和儿童的洗脸盆尺寸

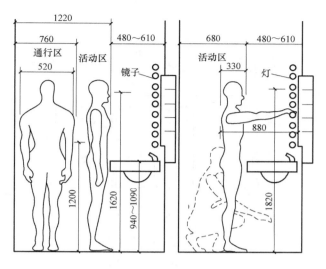

图 2-45 男性的洗脸盆尺寸

# 2.5 住宅室内装饰设计案例

## 2.5.1 平面布置

本案例（原始平面布置如图 2-46 所示）为三房两厅三卫的结构，粗略一看，是很规矩的户型。然而真正从使用推敲，问题不断出现。中心区域空间因为一个小小的储藏间而被极大地浪费了，四面是门，好像一个家的中转站，我们希望从这里的合理利用开始，顺便让公共卫生间的门也不至于深藏卧室区域；次卫面积小，淋浴、马桶摆放也是问题；公共卫生间原来里面的隔墙也使原本充裕的空间变得狭小；储藏室虽然不是很合理但是其功能还是不能缺少的。

经过空间的重组（见图 2-47），缩小了原来的储藏空间，原来弯曲的走道空间豁然开朗；使公共卫生间不再像以前那么难找，去除公共卫生间里面的隔墙后使内部空间更能充分利用，洗衣机放到工作阳台，这里就是一个小的洗衣房了；次卫面积得以扩大，可以从容的放进淋浴房和马桶；原来的储藏空间功能也继续保留，只是使用墙体隐门式开门，过渡的自然平滑，不会再像以前那样突兀。

## 2.5.2 客厅

本案整体风格为现代简约时尚型。客厅空间的处理中，在通往餐厅处做了一个哑口套，使餐厅、客厅之间的空间划分更加明确；通往阳台的建筑移门也用同样手法进行了窗套处理与其他窗套门套相呼应；客厅电视机主背景墙采用石材与布艺墙面装饰板的搭配，使整个客厅更简洁大方的同时，突出电视背景主题；沙发背景以简约的墙纸处理，中间用装饰画加以点缀，如图 2-48～图 2-53 所示。

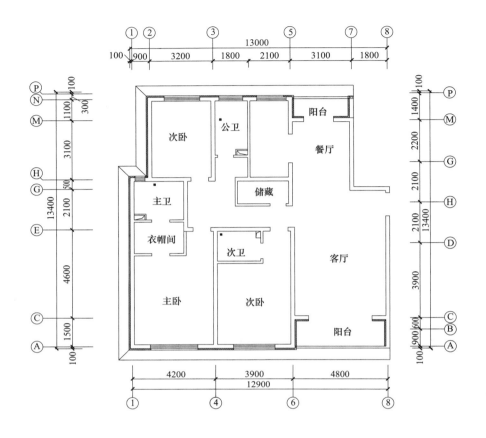

图 2-46  原结构平面图

### 2.5.3  餐厅

餐厅空间的处理中，是对客厅空间的一个延续，在通往客厅处做了一个哑口套，使餐厅、客厅之间的空间划分更加明确；餐厅立面用大面积简约的墙纸处理，中间用装饰画加以点缀，使空间更加生动，如图 2-54～图 2-58 所示。

### 2.5.4  厨房

厨房以很现代的风格，白蓝黄搭配感觉很亲切，木制家具与金属釉面瓷砖的相互组合给人一种温暖和美感。由于厨房空间较大，为了使厨房不显得杂乱，设计中加了不少的橱柜与吊柜，便于储物。厨房效果图如图 2-59 所示。

为了冬天天气寒冷的时候做家务不挨冷，我们采用燃气热水器作为热水供应设备，在燃气灶的下方我们放置了集成式消毒碗柜。在安装时，应结合厨房电器统一考虑布置管线，并预留较多的插座，以方便使用。考虑到冰箱要散热，所以要离墙 5～10cm。蓝黄的色彩搭配使各个角落显得非常协调，而且光洁明亮。橱柜高低结合，错落有致，方便实用。厨房立面布图如图 2-60～图 2-62 所示。

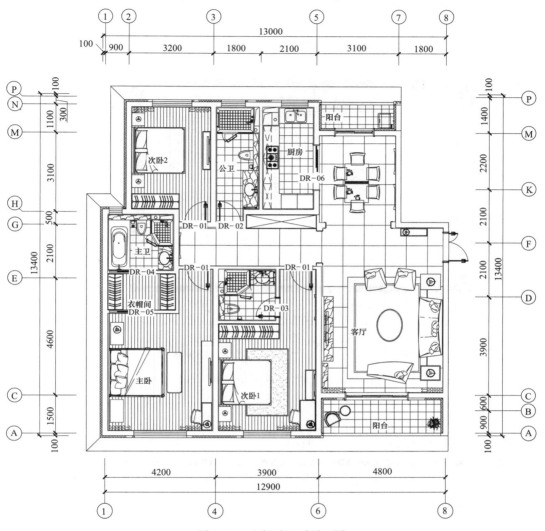

图 2-47　空间重组后平面图

图 2-48　客厅效果图

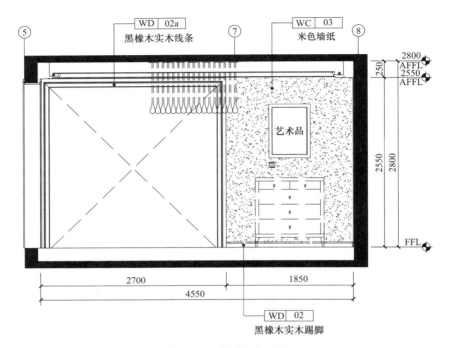

图 2-49 客厅北立面图

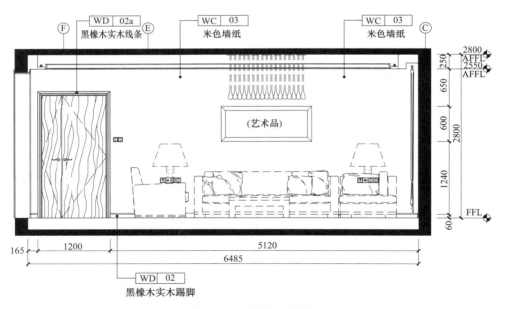

图 2-50 客厅东立面图

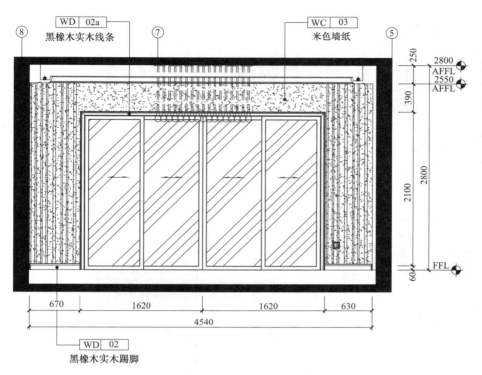

图 2-51　客厅南立面图

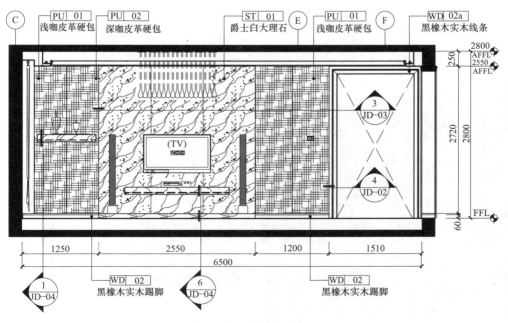

图 2-52　客厅西立面图

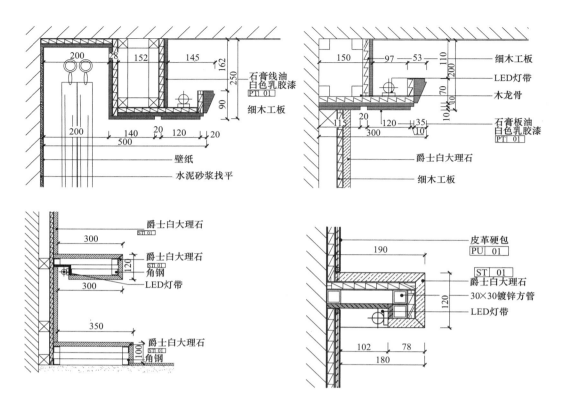

图 2-53　客厅节点图

图 2-54　餐厅效果图

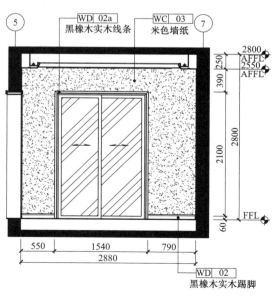

图 2-55　餐厅北立面图

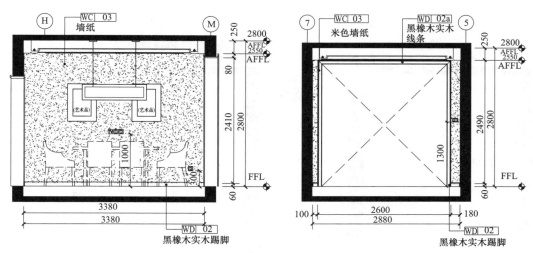

图 2-56　餐厅东立面图　　　　　　　图 2-57　餐厅南立面图

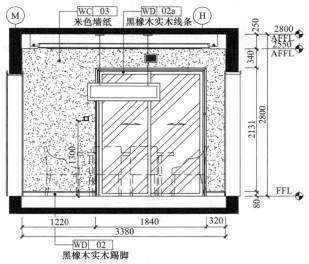

图 2-58　餐厅西立面图

图 2-59　厨房效果图

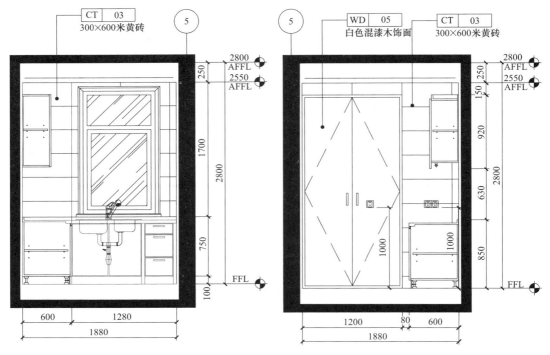

图 2-60　厨房北及南立面图

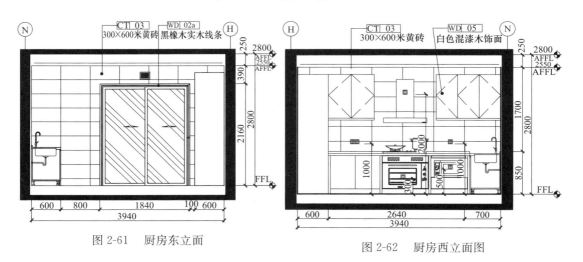

图 2-61　厨房东立面

图 2-62　厨房西立面图

## 2.5.5　主卧室

主卧室沿用现代简约时尚的设计风格，整个设计把主要精力放在床背景墙面的处理，该背景墙采用了照片墙的处理方式，大面积深色的木饰面墙时尚稳重，墙面上看似自由排布的带框照片使整个原本相对沉闷的房间增添不少活力；通往衣帽间的门改为蒙砂玻璃移门，使衣帽间光线更通透并且使用空间增大；电视柜和梳妆台的一体式设计，满足了女士需要梳妆台的使用功能；建筑窗户做了窗套处理，与其他两个门套相呼应。如图 2-63～图 2-68 所示。

图 2-63 主卧效果图

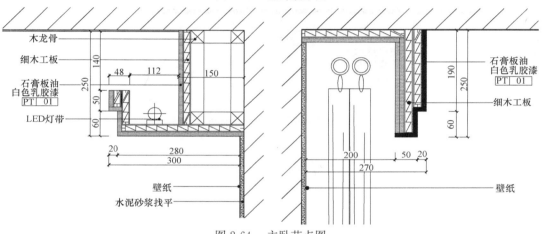

图 2-64 主卧节点图

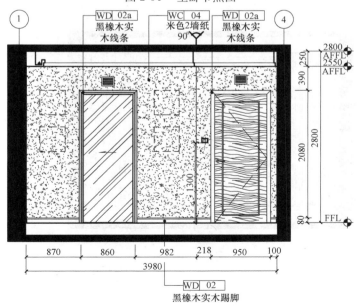

图 2-65 主卧北立面图

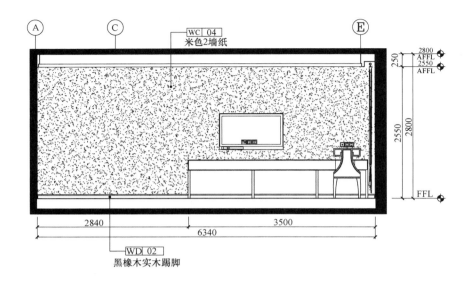

图 2-66　主卧东立面图

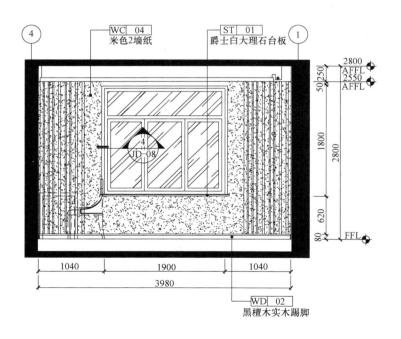

图 2-67　主卧南立面图

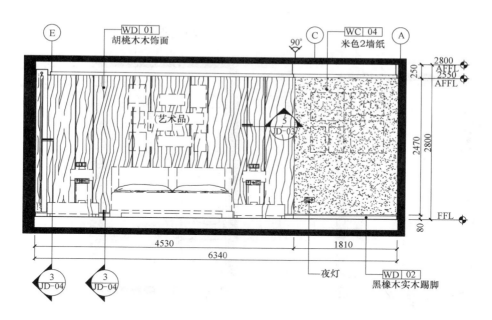

图 2-68　主卧西立面图

## 2.5.6　卫生间

卫生间整个空间在改造完成之后空间显得比原先大了不少，大面积的使用石材饰面让空间简洁明快，后期加以适当的绿化点缀又给空间增添了不少自然气息，如图 2-69～图 2-74 所示。

图 2-69　卫生间效果图

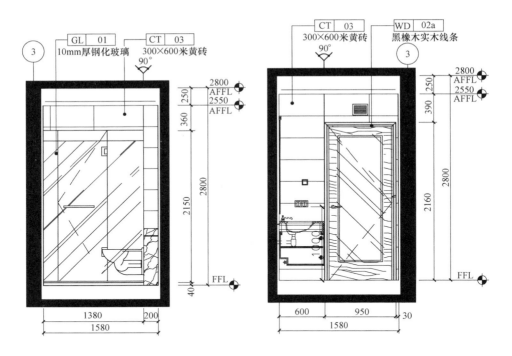

图 2-70　卫生间北及南立面图

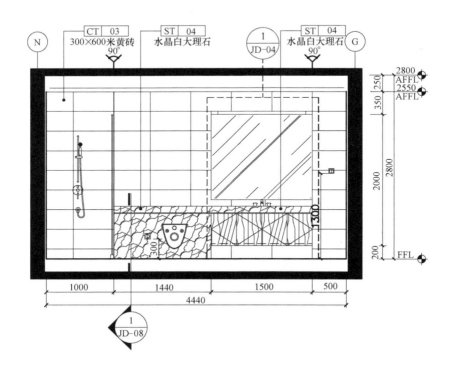

图 2-71　卫生间东立面图

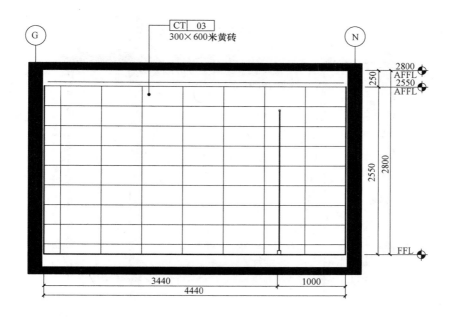

图 2-72 卫生间西立面图

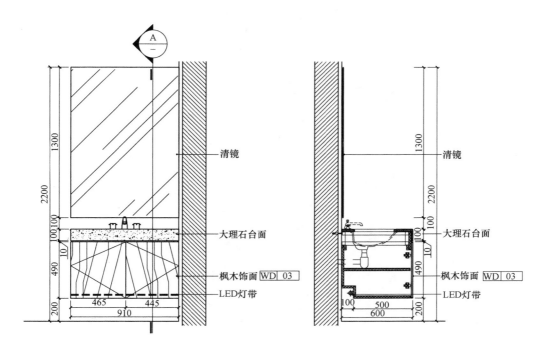

图 2-73 卫生间节点图

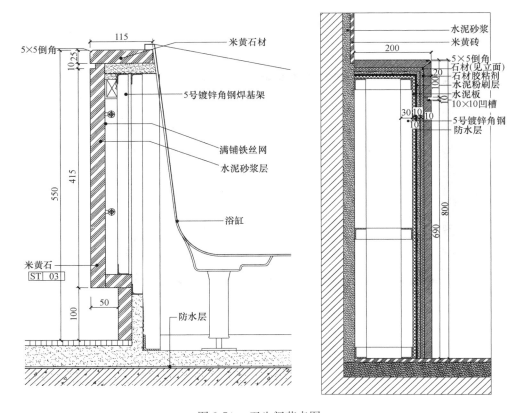

图 2-74　卫生间节点图

# 第3章 酒店室内装饰设计

## 3.1 酒店室内装饰设计概述

### 3.1.1 酒店的概念

酒店作为有着特殊经营规律和服务特点的企业，其室内功能布局不同于一般的办公楼或商业大厦，它要求从酒店经营的角度去进行室内功能布局与经营空间的合理规划设计。目的是使酒店既适应宾客需要，又符合经营管理的要求，并且能够发挥酒店各功能部门的作用，提高投资效益，满足现代人们的物质与精神生活的需求。

### 3.1.2 酒店的起源

我国是世界上最早出现宾馆、酒店的国家之一，殷商时代的驿站，就是我国最早的外出住宿设施。

酒店（Hotel）一词源自法语，指的是法国贵族在乡下招待贵宾的别墅。后来，欧美的酒店业沿用了这一名词。我国南方多称之为"酒店"，北方多称作"宾馆"、"饭店"。虽然东西方酒店的出现可以追溯到几千年前的"客栈"时期，但直到20世纪中晚期，酒店业才成为一种现代的产业。

### 3.1.3 酒店的分类

**1. 商务型酒店**

它主要以接待从事商务活动的客人为主，是为商务活动服务的。这类客人对酒店的地理位置要求较高，要求酒店靠近城区或商业中心区。其客流量一般不受季节的影响而产生大的变化。商务型酒店的设施设备齐全、服务功能较为完善。

**2. 度假型酒店**

它以接待休假的客人为主，多兴建在海滨、温泉、风景区附近。其经营的季节性较强。度假型酒店要求有较完善的娱乐设备。

**3. 长住型酒店**

为租居者提供较长时间的食宿服务。此类酒店客房多采取家庭式结构，以套房为主，房间大者可供一个家庭使用，小者有仅供一人使用的单人房间。它既提供一般酒店的服务，又提供一般家庭的服务。

**4. 会议型酒店**

它是以接待会议旅客为主的酒店，除食宿娱乐外还为会议代表提供接送站、会议资料打印、录像摄像、旅游等服务。要求有较为完善的会议服务设施（大小会议室、同声传译设备、投影仪等）和功能齐全的娱乐设施。

**5. 观光型酒店**

主要为观光旅游者服务，多建造在旅游点，经营特点不仅要满足旅游者食住的需要，还要求有公共服务设施，以满足旅游者休息、娱乐、购物的综合需要，使旅游生活丰富多彩，得到精神上和物质上的享受。

**6. 经济型酒店**

经济型酒店多为旅游出差者预备，其价格低廉，服务方便快捷。特点可以说是快来快去，总体节奏较快，实现住宿者和商家互利的模式。

**7. 连锁酒店**

连锁酒店可以说是经济型酒店的精品，诸如莫泰、如家等知名品牌酒店，占有的市场份额也是越来越大。

**8. 公寓式酒店**

酒店式公寓最早始于 1994 年欧洲，意为"酒店式的服务，公寓式的管理"，是当时旅游区内租给游客，供其临时休息的物业，由专门管理公司进行统一上门管理，既有酒店的性质，又相当于个人的"临时住宅"，这些物业就成了酒店式公寓的雏形。在酒店式公寓既能享受酒店提供的殷勤服务，又能享受居家的快乐。住户不仅有独立的卧室、客厅、卫浴间、衣帽间等，还可以在厨房里自己烹饪美味的佳肴，早晨可以在酒店餐厅用早餐；房间由公寓的服务员清扫；需要送餐到房间、出差订机票，只需打电话到服务台便可以解决了，很适合工作繁忙又不愿费时费力干家务的小两口。由于酒店式服务公寓主要集中在市中心的高档住宅区内，集住宅、酒店、会所多功能于一体，因此出租价格一般都不低。

## 3.1.4　酒店的等级划分

酒店划分标准应该是看它的豪华程度和服务程度。为了促进旅游业的发展，保护旅游者的利益，便于酒店之间有所比较，国际上曾先后对酒店的等级做过一些规定。从 20 世纪五六十年代开始，按照酒店的建筑设备、酒店规模、服务质量、管理水平，逐渐形成了比较统一的等级标准。通行的旅游酒店的等级共分五等，即一星、二星、三星、四星、五星酒店，最高五星级。

一星级：设备简单，具备食、宿两个最基本功能，能满足客人最简单的旅行需要，提供基本的服务，属于经济等级，符合经济能力较差的旅游者的需要。

二星级：设备一般，除具备客房、餐厅等基本设备外，还有卖品部、邮电、理发等综合服务设施，服务质量较好，属于一般旅行等级，满足旅游者的中下等的需要。以法国波尔多市阿加特二星旅馆为例，共有七层楼房，148 个房间，每个房间有两张床，有抽水马桶、洗澡盆及淋浴喷头，房内有冷热风设备、地毯、电话，家具较简单，收费低廉，经济实惠。

三星级：设备齐全，不仅提供食宿，还有会议室、游艺厅、酒吧间、咖啡厅、美容室等综合服务设施。每间客房面积约 $20m^2$，家具齐全，并有电冰箱、彩色电视机等。服务质量较好，收费标准较高，能满足中产以上旅游者的需要。目前，这种属于中等水平的酒店在国际上最受欢迎，数量较多。

四星级：设备豪华，综合服务设施完善，服务项目多，服务质量优良，讲究室内环境艺术，提供优质服务。客人不仅能够得到高级的物质享受，也能得到很好的精神享受。这种酒店国际上通常称为一流水平的酒店，收费一般很高。主要是满足经济地位较高的上层旅游者和公费旅行者的需要。

五星级：是旅游酒店的最高等级。设备十分豪华，设施更加完善，除了房间设施豪华外，服务设施齐全。各种各样的餐厅，较大规模的宴会厅、会议厅、综合服务比较齐全。是社交、会议、娱乐、购物、消遣、保健等活动中心。环境优美，服务质量要求很高，是一个亲切快意的小社会。收费标准很高，主要是满足社会名流、大企业公司的管理人员、工程技术人员、参加国际会议的官员、专家、学者的需要。也有例外的，像迪拜的帆船酒店（Burj Al-Arab），这个就不在星级范畴内了。

# 3.2 酒店的组成及功能分区

## 3.2.1 酒店的组成

### 1. 组成综述

酒店空间一般主要由大堂、餐饮、公共区域、客房、多功能厅、商务服务设施、管理用房及将各部分连接的通道等几部分组成。各部分建筑面积占总建筑面积的比例变化不同，具体可根据不同档次、不同特色的酒店及酒店实际的服务范围、对象，调整各部分所占的比例。其中某些部分的空间可以根据酒店的实际情况而不去考虑该部分的作用，但客房、大堂、管理用房及连接通道则是所有酒店必须具备的，也是酒店组成的最基本部分。

### 2. 大堂

酒店的大堂是酒店在建筑内接待客人的第一个空间，也是使客人对酒店产生第一印象的地方。在早期的酒店中大堂通常都不大，但却是酒店的管理和经营中枢。在这里，接待、登记、结算、寄存、咨询、礼宾、安全等各项功能齐全，是酒店的交通枢纽之一，可连接酒店的各主要部分。

（1）接待大厅：是客人进入和离开酒店的主要活动区域，与酒店大门相通，是酒店大堂的枢纽。其需要的面积弹性较大，豪华酒店会设置大面积的接待大厅，而小酒店则往往将接待大厅与旅客休息区综合布置，合为一体。

（2）总服务台：是客人办理登记、结账、问询的地方，通常包括接待、问讯、收银等功能。总服务台一般设在接待大厅旁边及显眼和容易辨认的地方，利用柜台将工作区域独立分割出来，防止非工作人员入内。柜台的平面布置有多种形式组成，一般主要有一字形、圆形、半圆形、弧形等。

（3）旅客休息区：是客人在等待办理出、入住登记时临时滞留或休息、会客的地方，一般与接待大厅相连接，要求最好是视线能顾及总服务台、接待大厅的情况。旅客休息区面积的大小变化较大，一般视酒店的规模、档次及主要服务对象等因素而定。有些酒店为节约成本，将接待大厅与旅客休息区综合布置。

（4）贵重物品寄存处：为客人提供贵重物品的存放和保管服务，是总服务台的附属设施。贵重物品寄存处按仓库考虑，一般不设窗户，仅有的一个门与总服务台的内部工作区相通。贵重物品寄存处的面积可按实际需求考虑，有些酒店将也称其为"行李保管"，扩大了存放物品的种类范围，其面积需相应调整。

（5）大堂副理接待处：作用是回答客人询问及时处理大堂的突发事件。低档酒店一般不设大堂副理接待处。接待处一般由写字台和椅子组成，通常设置在主出入口附近，在接待大厅内显眼易见、又不影响客人的进出和行李搬运的位置。

（6）大堂吧：大堂的附属设施，其主要功能是供客人休闲、小息、会客之用，客人停留的时间一般比在旅客休息区长。大堂吧既可以是接待大厅的一部分，也可以单独设置。其面积的大小没有特别要求，可根据实际情况灵活处理，中低档酒店一般不设大堂吧。大堂吧一般设置在大堂较僻静处，多采用开放式设计，而不作封闭式的围挡。

**3. 客房**

酒店的客房是客人入住后使用时间最长的，也是最具有私密性质的场所。一般位于酒店的一个独立的区域。该区域通过走道或楼梯、电梯与酒店的其他部分连通，走道、楼梯、电梯的数量和大小必须符合相关规范的要求。客房一般按面积的大小和服务对象的不同，分为单人间、标准间、多人间、豪华间、套房、总统套房等。各客房之间主要以走道相连，其宽度必须符合建筑及消防等规范的要求。

单人间——也称为单人房。房间内设一张单人床及写字台、椅子和衣柜等家具及其他附属设备，房间内设有卫生间。一般房间面积为 20m² 以下。

标准间——也称为双人间、双人房。包括双床双人间和单床双人间。双床双人间房间内设两张单人床，单床双人间房间内设置一张双人床。除床以外，标准间的其他设施与单人间同，面积通常比单人间要大。图 3-1 为常见的标准客房平面布置。

图 3-1　常见标准客房平面布置图

多人间——也称为多床间。房间内设三张或以上的单人床，其他设施与单人间同。房间面积与标准间相同，或大于标准间的面积，常见于中低档的酒店、招待所。

豪华间——也称为豪华客房。可视为标准间的升级版。其房间面积大于标准间。虽然房内仍然设两张单人床或一张双人床，但房间有豪华的装修和高档的设施，如特大号双人床或单人床、豪华的沙发、美人靠、蒸汽间（房）、按摩浴缸等。

套房——由两个以上的房间组成，其面积一般大于或等于两个标准间的面积。除有豪华间的设施外，一般还设有客厅、小酒吧等设施，有的设有书房、会议室、餐厅及厨房等设施。大部分的套房为双套房，其面积约等于两个标准间面积；部分酒店设有三套房，其平面布置既可以利用三个标准间进行简单改造，也可以根据需要灵活布置。

总统套房——由若干个房间房组成，多占用酒店的半个或一个楼层，有条件时需考虑独立的出入口。男女主人有独立的卧室和卫生间，设有客厅、书房、会议室、随员室、警卫室、小酒吧及餐厅厨房设施。另外还有室内花园、游泳池、康乐健身室等。总统套房内拥有该酒店中最豪华的装修、最高档的设施以及提供最好的服务。

#### 4. 会议室

会议室是商务酒店必须配套的设施，其他类型的酒店则视酒店的规模、档次来决定是否设置会议室以及确定会议室的规模。

会议室在酒店中的位置比较灵活，但要求尽量避免与客房等产生相互干扰。一些小型酒店的会议室设置在客房层的通道口。有条件的酒店一般利用整层楼。甚至数层楼集中布置会议室。以接待会议客人为主的酒店，则往往拥有一个会议室群，包括数量不等的大中小型会议室，并有能容纳数百人或以上的会堂。

为节约成本，提高使用率，有条件的酒店都会增加会议室的功能，如：会议室＋餐饮，会议室＋展览，会议室＋表演等，要求可方便快捷地在各种功能之间变换，这类用途的房间也称为多功能厅。多功能厅一般与客房相隔，自成一体或与餐饮用房相结合。

#### 5. 餐饮

酒店的餐饮服务主要有中餐厅、西餐厅、咖啡厅、酒吧等。餐饮服务在酒店中一般自成一体，位于酒店的裙楼、附楼、顶楼等地方，也可以设置在离主楼不远的另一建筑物内，并有通道连接。

#### 6. 商业

作为酒店配套设施的商业服务，主要有商场、书店、花店、理发、化妆、按摩美容等。商业服务设施面积大小没有标注，宜自成一体，与酒店既有连通，又互不干扰。小型、低档酒店或酒店周边有完善的商业服务时，也可以不设置商业服务设施。

当商业服务规模较小时，可在接待大厅的一隅安排。当商业服务规模较大时，商场、书店、花店等通常安排在酒店的裙楼、附楼，有通道与接待大厅连通。而理发、化妆、按摩美容等的位置安排比较灵活，最好安排在酒店的裙楼。

#### 7. 康乐服务

酒店配套的康乐服务设施组区包括：影视厅、卡拉OK、电子游戏厅、洗浴中心、游泳池、体育中心（可分别设有台球室、羽毛球厅、保龄球房、网球、篮球、高尔夫球、健身中心）、棋牌活动中心、私人俱乐部等。

康乐设施多数有噪声等干扰，要求与客房等需要安静的区域进行有效的隔离。一般将其安排在裙楼、附楼、地下室，或设置在主楼以外单独的建筑物内。

#### 8. 行政管理用房

酒店的行政管理用房主要包括经理室、财务室、后勤管理人员办公室、仓库等。

行政管理用房通常设置在酒店的裙楼、附楼、地下室，或者设置在主楼以外单独的建筑物内。经理室、财务室通常放在一起；后勤人员办公室设置以便于管理为原则；仓库一般按实际需要进行设置。

**9. 酒店的经营及后勤保障设施**

酒店的经营及后勤保障设施包括：停车场、冷热水、电、空调、消防、电话、电视、网络、闭路监控设施、洗衣房、智能化管理系统、医疗服务等。

经营及后勤保障设施属于内部使用的设施，需单独设置，加上部分的设施有噪声等干扰，多数安排在裙楼、附楼、地下室，或在主楼以外的其他建筑物内；部分与提供服务密切相关的设施，需安排在服务对象的附近，如客房服务值班室、布草间等。各种保障设施具体的要求应按相关的专业规范执行。

**10. 连接通道**

酒店的连接通道包括内外走廊、楼梯、电梯等。走廊、楼梯的宽度、高差、数量和电梯的大小、数量等可参照建筑、消防等规范的要求实施。

## 3.2.2　酒店的功能分区及流线组织

**1. 酒店的功能分区**

酒店装修设计中，进行酒店功能区设计是不可少的环节，酒店功能分区决定于酒店星级水平、酒店类型、酒店盈利模式、酒店消费人群定向等方面，既要考虑基本功能的实现又要考虑特色功能对于消费者的吸引。酒店功能分区总体上分为三大块。

（1）客房功能区

功能区：一般占酒店总面积的 50%～70%，其中包括客房、客房走廊、电梯间。更加详细的分类如下：楼层客服台、标准双床间、单人间、双套房、三间套房、套房、高级豪华套、商务套房、高级商务套房、总统套房、特色主题套房及客房服务人员用房、杂物间、货物通道及公共浴厕等。设计时要特别注意的是，在星级较高的酒店，往往还分为普通客房区、特色客房区、高级客房区。在特色或高级客房区设有小型俱乐部，有可以举行小型会议及沙龙的厅堂、小型餐厅、酒吧及茶道、商务及图书室、展览鉴赏与美容服务室等，甚至设有小型教堂、清真寺、佛堂等宗教活动场所。

（2）公共功能区

一般占酒店总面积的 20%～30%，其中包括大堂、餐饮空间、休息区、娱乐休闲区、会议厅、公共交通区等，更详细的分类如下：大堂、前台、首层电梯间、大堂吧、咖啡厅、零点餐厅、宴会厅、中餐包房、西餐厅、风味餐厅、茶室、酒吧、会议厅、多功能厅、商务中心、精品店、健身中心、演艺厅、游泳池、娱乐中心、洗浴桑拿中心、美容美发中心等。公共区是酒店整体设计中很重要的部分，要注意功能区的合理配置和风格的统一，特色区域的设计要能吸引客户的兴趣和眼球，应避免千篇一律的设计风格。

（3）内部管理功能区

一般占酒店总面积的 10%～15%，其中包括厨房区、行政管理区、员工休息区、设备区等，这部分空间的设计虽不是针对客户，但对于酒店的品质起着至关重要的作用，尤其是各类厨房的设计尤为重要，因为它是相关部门整点检查的部分，所以设计一定要符合相关规定。

**2. 酒店的主要流线组织**

所谓流线，是指人员和物品在酒店内移动的路线。在酒店中，按照使用者的不同可以把流线分为：酒店住宿客人的流线、酒店参观客人的流线、会议及宴会客人流线和服务人员流线等。在流线设计上应当尽量使不同人流之间互不干扰，以提高使用的舒适性和服务的高效率，下面就对不同人员流线分别——分析。

（1）酒店流线设计主要原则

酒店流线设计主要是按照两条原则进行，一是将客人流线与服务流线分离，这是在酒店设计时所必须做到的。既要保证游客能够享受到优质高效的服务，又要让人们几乎感觉不到服务人员的存在。另一方面就是要尽量使不同的客人流线相分离，互不影响。但是人流的交汇有时是不可避免的，又是必要的。究其原因是人的活动有时也会成为空间的构成因素，对营造活跃的氛围有所帮助。如大堂空间就是各种人流的集散地。在空间设计上要有意识地将人流集中的区域扩大，增加流通空间的面积并增加休息区的面积，使空间中的人们既能感觉到他人的存在又不会对自身产生过多的干扰。在功能布局上对于酒店建筑来说比较复杂的问题是后台（后勤服务空间）的位置及其功能流线的组织。由于它的内部使用性质及独立的对外交通，一般在城市酒店设计中将其布置在酒店主体的裙房中，形成一个独立的对外出入口区域。而在度假酒店设计中，多采用抬高入口层的做法来解决这一问题。即将旅客入口层升至二层，在入口坡道、平台下设后勤出入口，形成立体交通形式，既隐藏了后勤区、兼顾了环境景观，又形成了独自的对外交通。

（2）住宿客人流线

酒店住宿客人是酒店中的主要使用群体，他们的流线是酒店公共空间中最主要的流线。按不同的使用目的还可以将其细分，如入住客人的流线为主入口—前台登记—电梯间—客房，客人离开酒店的流线与之相反，由于到达酒店的人们大多经过了长途旅行比较疲惫，为避免其对酒店其他使用者的影响，因此应该尽量考虑流线的距离，靠近入口布置。因此，电梯、楼梯和总台应接近入口，位置明显利于分散人流，减少到上部公共部分和客房的人对大堂的穿流。通常自入口到服务台的路线短，到电梯的路线略长。在处理交通空间时，应注意以下几点：

1）应保证有足够的宽度。特别要避免在交通流线的交汇处或其他功能区的开口处，由于通行能力不够而出现局部阻塞的"瓶颈"现象。

2）应避免将其他功能（如休息区、大堂酒店等）布置在入口和主要道路之间，因为人在有目的的行进过程中，有抄近路的倾向，这样容易造成对特定空间的穿越，影响其使用。

3）各功能要素的布置应保证充足的使用面积，如问讯、接待等前台、休息区沙发座椅旁的活动面积，应避免侵占交通流线。酒店的住宿客人当然也是酒店公共空间和各个功能空间的主要服务对象，这种关系较为自由，主要有客房—廊道—大堂—功能空间或是客房—大堂—庭院等等，以大堂为核心的酒店公共空间设计要考虑将不同去向的人流加以区分，并与在空间中休憩、观景、交谈的游人在空间上进行区分，避免多种目的的人流交汇一处的现象发生。例如从客房出发去游泳池的人们可以身着泳装通过单独的电梯或楼梯进入泳池而不必经过大堂，以免对大堂的游客造成干扰。

（3）服务人员流线

服务人员流线是酒店中区别于客人流线的另一个主要流线关系，服务流线是否科学合理将直接影响酒店的服务质量和管理效率，从而影响酒店的经营效益。服务人员流线大致为服务入口—服务区—服务通道—公共或功能空间。在对服务流线和服务区的设计上要使服务流线与客人流线相分离，服务区与客人区相分离。服务人员入口和各种物资设备的装卸区要有单独的入口，在视线上要避免对主入口客人的影响。服务通道一面与服务区相连，另一面与酒店各功能空间和公共空间相通，其余客人使用部分的入口要隐蔽，避免客人误入服务通道。服务流线要尽可能集中布置，缩短服务通道的距离，一方面可以减小面积浪费，另一方面还可以增加服务效率。

（4）特定客人流线

特定客人是指有特定目的来酒店的客人，如酒店承接大型会议或宴会时来自外部的客人流线；会议及宴会客人流线为：会议入口—会议前厅—会议厅，或者是电梯厅—大堂—会议前厅—会议厅，外来的客人可以从专门的会议入口进入酒店会议门厅，再到达会议厅；而住宿客人则可以通过大堂进入会议前厅，再进入会议厅。休闲客人和贵宾客人流线也要求从各自的入口进入酒店，并通过各自的交通体系到达各自的目的地，避免绕行酒店其他部分对其他客人产生干扰。又如商务会客等等。

# 3.3　酒店的大堂设计

酒店大堂是迎来送往的功能空间，是客人对酒店认识的起点和焦点。如能让客人一步入大堂时就立刻能感到一种温馨、舒适和备受欢迎的氛围，感到酒店的与众不同之处，这个酒店就能给人留下深刻的印象。大堂是设计师最能自由发挥的地方，一个精心设计的、值得让旅客品味、留恋的、令客人感到宾至如归的酒店大堂是酒店室内设计的重点，它决定了整个酒店的设计风格和设计思路。通过不同的空间分隔、流线组织、造型及饰物配置，可以得到不同的装饰风格和效果。

大堂一般由接待厅、总服务台、旅客休息区、大堂副理（经理）值班台及相应的出入口和通道等部分组成。部分酒店在大堂设有大堂吧，一些中高档酒店设有中庭，中庭则往往成为大堂的一部分。

大堂是整个酒店室内设计的点睛之处。它反映酒店的特色，能带给客人强烈的特征信息。通过精心的空间组织、合理选用装饰材料和装饰造型、光照明暗、色彩构成等，令客人能很容易地将其特征记住，并与其他酒店予以区别。另外，大堂内如设置楼梯时，会自然而然地成为视觉重点，是空间构图的中心之一，还可能是酒店具有标志性的部分。因此，楼梯及栏杆的造型、尺寸、饰面材料、颜色、光照及灯具的造型等均需精心设计，使其能与大堂相互协调，且浑然一体。

在装饰图案、色彩、灯光、艺术品、造型等设计中，融入相应的文化元素，并以一定方式展现出来，可起到强调装饰风格的作用。

## 3.3.1　大堂设计的主要原则

1. 功能性原则：包括满足与保证使用的要求、保护主体结构不受损害和对建筑的立面、大堂空间等进行装饰这三个方面。

2. 安全性原则：无论是墙面、地面或顶棚，其构造都要求具有一定强度和刚度，符合计算要求，特别是各部分之间的连接的节点，更要安全可靠。

3. 可行性原则：之所以进行设计，是要通过施工把设计变成现实，因此，大堂设计一定要具有可行性，力求施工方便，易于操作。

4. 经济性原则：要根据建筑的实际性质不同和用途确定设计标准，不要盲目提高标准，单纯追求艺术效果，造成资金浪费，也不要片面降低标准而影响效果，重要的是在同样造价下，通过巧妙地构造设计达到良好的实用与艺术效果。

### 3.3.2 大堂设计的基本要求

酒店大堂设计不能单纯局限于艺术装饰。其实创造丰富、科学的空间造型，追求平和随意、率真自由的境界更重要，也才是酒店大堂设计的主要意旨。酒店大堂设计要有一个明确的统一的主题。统一可以构成一切美的形式和本质。用统一来规划设计，使构思变得既无价又有内涵，这是每个设计师都应该追求的设计境界。装饰讲流行但更讲个性，具体的环境不同，文化背景、风俗习惯与品位追求不同，就可能会产生不同的效果。所以酒店大堂设计不断创新，不拘泥于旧有的观点，通过功能的装修，美学的装饰，赋予每个家居以新的形象就非常重要了。装修和装饰也不分谁轻谁重，两者互为因果。只有在功能合理的装修前提下，装饰的内涵与境界才最能体现。酒店大堂设计应使两者相得益彰，通过材料的质感、颜色的搭配、饰物的布置，使装修与装饰产生超值的效果。酒店大堂设计没有一个什么定则，在人们需求日益多样化、个性化的今天，最好的东西也会过时。新的风格不断出现并被人们所接受，才使得酒店大堂设计多姿多彩。酒店大堂设计以境界为最上，有境界就自成高格。酒店大堂设计是装修与装饰的灵魂，是装修与装饰的剧中之本。要想能以高层次的内涵与境界使生活更美满更愉悦，看上去舒服，用起来便当，就必须重视酒店大堂设计。

### 3.3.3 大堂各主要功能的装饰设计

#### 1. 接待大厅

接待大厅是大堂的主体，是客人出入酒店的交通枢纽，为大多数人所注目。因而大堂室内装饰设计的重点也必然落在接待大厅的设计上。

接待大厅的平面形状宜规整大方，面积大小应根据酒店的规模、档次、性质等确定。其面积可参照下列方法计算：国际旅游酒店建设的标准为 $0.4 \times$ 容纳人数 m²，一般酒店为 $0.6 \sim 0.8 \times$ 容纳人数 m²。

（1）接待大厅的地面装饰

地面的饰面宜平整、易清洁，为了区别不同的区域，可以分别采用不同的颜色、不同的饰面材料或同种饰面材料的不同表面形式（如花岗石的烧面和光面搭配）。用上述装饰方法来进行地面装饰，在保证装饰效果的同时可以起引导的作用。

接待大厅由于人流量大且使用频率高，饰面材料宜采用耐磨、易清洁的材料，如花岗石、硬度较高的优质大理石、墙地砖等。中低档酒店也可以采用水磨石等装饰材料。接待大厅的地面也可以用地毯、优质木材进行装饰。但其耐磨性较差、维护保养成本较高，特别不宜在通道处使用。

接待大厅中心区域或主出入口处通常采用拼花图案来加以强调。图案多为圆形、方形、多边形或各种几何图形的组合，也可以是一些与酒店相关的标志性图案。这样做会提高识别性，效果会更好。

拼花团不宜过多，一则拼花的造价高，二则过多的图案会使人眼花缭乱，分散注意力，起不到强调的作用。无论是否设置拼花图案，大堂的地面均可设置波打线。波打线的材料可以与地面装饰材料相同，也可以采用不同的装饰材料，如玻璃马赛克、鹅卵石饰面等；波打线的颜色一般与地面装饰材料的颜色有明显的区别（或相同材料表面处理不同，如石材的光面与烧面的对比），宽度一般为 100～300mm。其位置不但在墙柱边，还常常用作分区线，以在潜意识上区分不同区域。

接待大厅的面积通常较大，因此，在进行地面的装饰设计时，要配合家具的布置和相关设备（如清洁机械）的需要预留相应的插座。预留的插座应做好隐蔽工作，以免喧宾夺主。

（2）接待大厅的墙柱面装饰

由于接待大厅是人流的集散地，面积尺寸较大，通往各功能区域的通道门洞较多，导致大厅的墙面不一定完整连续，给大厅的装饰带来了一定的特殊性。

墙柱面的装饰应反映出酒店的风格及特色。在进行墙面设计时，宜保证接待大厅有足够的自然采光，最好还能将室外的景色引入室内。为了使接待大厅与室外的景色能产生互动，现代酒店设计常常用大面积的玻璃作为外墙材料。在外墙大面积使用玻璃的同时，应考虑酒店空调的能耗加大，即在美观与节能之间取得平衡。面积较大的实墙面可用字画、装饰品等装点，以避免产生单调的感觉。

由于酒店大堂的空间尺寸往往大于上部建筑的空间尺寸，大堂中可能出现或大或小的柱子。当柱子在大堂比较显眼的位置时，柱子的装饰设计就处于重要的地位。同一功能区内的柱子的尺寸和装饰手法宜统一。当原有的结构柱子尺寸大小不一或截面形状与装饰要求不相适应时，一般的处理方法是将原有柱子包大，以取得统一的效果。柱子的形状一般可选用圆形、方形、正六边形、正八边形等，也可配合酒店的主题装饰成树干等形状。较大的柱面可用柱顶、柱脚的花饰、竖向线条及设置壁灯等进行装饰处理。

（3）接待大厅的顶棚装饰

由于接待大厅的面积较大，高度相对较高（净高一般不低于 4.0m，可以贯通二层甚至数层），利于室内设计师的发挥，可以结合酒店的风格、特色做成多种多样的顶棚形式，使其富有韵律感和美感。

顶棚设计时需注意已有结构形式和高度（特别要注意梁底处的净高），使顶棚完成后的高度与接待大厅（或大堂）的长宽尺寸相协调。顶棚高度的调整可以通过顶棚的造型（实）及吊灯的大小、高低（虚）进行，从而改变接待大厅高度与长宽的比例，使之达到令人满意的效果。顶棚的高度在设计上宜就高不就低。

接待大厅常用的顶棚形式有：多层造型顶棚、单层造型顶棚、结合原有梁系增加假梁做藻井、原顶平整等。一些特色酒店也可在结构梁系下面悬挂布幔等。顶棚与墙柱面相交处通常设置角线，以强调接待大厅的豪华及作为收口处理。

接待大厅常用的顶棚饰面材料有：木饰面板、石膏板、金属板（主要为铝板）、涂料、墙纸（布）等。部分特色酒店也有用布幔、竹木等材料进行顶棚的装饰。要使造型顶棚成为整体，不显拼缝，一般做法是在胶合板或纸面石膏板面用腻子找平，表面刷涂料或贴墙纸。

无论采用哪一种顶棚形式，都应注意配合照明灯具，保证接待大厅有足够的照度。常用的照明灯具有：筒灯、光管（配灯槽或利用反射光）、吊灯和射灯。

**2. 总服务台（含接待处、问讯处、收银处）**

总服务台简称总台，是客人办理登记、结账、问讯（有大堂副理时，主要由其负责）和保管贵重物品的地方，因而应设在大堂显眼和容易辨认的地方，但不宜正对大门入口或电梯门口，以免给客人造成不好的感觉。总服务台到主出入口及到客房通道的距离不宜过大。

总服务台一般利用柜台（或柜台＋隔断）将工作区域独立分割出来，防止非工作人员入内。工作人员与客人隔着服务柜台进行交流。在服务台工作区域的后面一般设置有背景墙，背景墙的后面或在服务台的附近，应设置值班休息室和贵重物品保管室。其出入口宜隐蔽。

总服务台的平面布置宜规整。柜台的平面布置一般以一字形为主，也可以结合大堂的风格和实际情况布置成圆形、半圆形、弧形、折线形及转角形；背景墙的平面布置可根据需要采用一字形、弧形、折线形等。

总服务台的出入口宜设置在侧面，不宜设置在正面和背面。必须设置在正面时，宜将局部柜台设计成为活动的。其做法主要有两种：一是在活动部分的底部装轮子，整体活动；二是服务台的台面板向上掀开，服务台的竖版向内平开。

总服务台的柜台有两种基本类型：一种是内低外高的双层台，内台高约0.8m，宽约0.7m；外台高约1.15m，宽约0.5m。另一种为单层台，台高约0.8m，宽约0.7m。这种柜台能给人以亲切感，方便服务人员与客人的交流。总服务台在顾客一侧的抬脚位置宜流出足够的踏步前伸空间。

总服务台的柜台造型应大方、明朗而富装饰性。台的长度可结合酒店的规模、档次和客人集中办理业务的程度而确定，并应留有余地。一般每个值班员不少于1.5m，总长度不少于4m。柜台到背景墙的净空不得小于1.15m。

柜台的台面常用大理石、花岗石及优质木材或皮革制作。高低台的低台台面通常使用木材、大理石或花岗石；高台台面一般采用大理石、花岗石、优质木材或皮革。服务台的正立面通常用木材、石材、玻璃、皮革、铁花等材料进行装饰，需要时可以配以灯槽或灯具。服务台内侧宜参照办公桌的构造处理，需配抽屉，台面预留房间管理系统的显示器及操作键盘的位置。总服务台所需的电源及电话等插座的位置，可设置在服务台的竖壁内侧。

总服务台上方应有明显的标示。如总服务台区域与大堂的高度不同时，该标示通常置于高度变化处。

总服务台的背景墙是大堂的视觉焦点之一，在设计时需充分考虑背景墙所反映的题材、形式、色彩、装饰材料及灯光的效果等。背景墙上可为壁画、浮雕，也可展示酒店的名称和标志。用壁画、浮雕作背景墙装饰时，其题材最好与酒店所在的地域、相关的人文历史以及酒店的功能性质相联系，如本地风光、历史事件等。在现在风格的酒店中，其背景墙也可以使用抽象图案，或只是由不同材料（或同种材料不同的饰面处理）形成的组合，以反映材质和色彩，虽然没有具体的内容，也能供人们欣赏。

　　背景墙常用的饰面装饰材料为：大理石、花岗石、涂料、墙纸（墙布）、金属板等。

　　背景墙应为整体。如因背景墙后有工作用房必须在背景墙上开门时，门的位置应尽量隐蔽，并靠在门边上。门的装饰应与背景墙一致，并尽量隐蔽门缝。当门关闭时，能给人整个背景墙浑然一体的感觉。

　　总服务台与接待大厅紧贴在一起，总服务台外侧的地面也就是接待大厅的地面，其地面的装饰同接待大厅。总服务台内侧的地面可以采用与接待大厅相同的装饰材料，也可以采用与普通的办公室相同装饰材料，如墙地砖、木地板或地毯等。

　　当总服务台与接待大厅共用一个空间时，其顶棚的做法与接待大厅相同。当总服务台是独立的空间时，一般采用简单的平顶顶棚，顶棚的材料一般采用石膏板、金属扣板等，也可以采用空透式的顶棚，甚至不做顶棚。顶棚内配照明的灯具，如筒灯、光管盘等。进行照明设计时，照度应尽量均匀，且应避免对客人和服务员产生炫目的情况。

**3. 旅客休息区**

　　旅客休息区是客人临时滞留的地方，方便客人短时间休息和会客，常设于大堂的侧面，与接待大厅相连接，最好使视线能顾及总服务台，能让客人在等待办理入住登记或退房手续时作临时小憩。休息区最好能与酒店的中庭和室外环境产生互动，反映酒店的特色，使客人心情愉快。

　　休息区面积的大小可根据酒店的规模、档次以及主要服务对象（如以旅行团为主或以散客为主）等因素进行调整确定。其家具多为沙发和茶几，数量根据酒店的规模、档次及休息区面积而定。沙发宜成组相向或侧面布置，以便于客人之间的交流，不宜采用背向布置。

　　当休息区与接待大厅在同一空间内时，其他面的装饰可与接待大厅相同或稍有变化，如采用地毯、各类木地板等；墙面和顶棚应与接待大厅保持一致，给人以浑然一体、恢宏大气的感觉。

　　当休息区为独立空间时，地面装饰材料宜保证休息区的安静，给客人以到家的感觉。饰面材料可以用地毯、木地板、花岗石、大理石、抛光砖等，也可以采用与接待大厅相同或接近的地面装饰，以维持其统一性。墙面的装饰材料以墙纸、涂料为主，也可以与接待大厅相同，墙面宜适当地配上装饰品如字画、工艺品等。由于独立空间休息区的净高往往低于接待大厅，宜根据其面积与高度的比例选择顶棚的形式，高度足够时宜使用造型顶棚，高度不够时可使用平顶顶棚。不同的灯具形式（吊灯、吸顶灯、筒灯、灯槽等）在一定的程度上能够影响人们对高度的感觉，如空间过高、过窄、过宽等。休息区的灯光宜柔和，不要直射在家具和人体上。

**4. 大堂副理（经理）值班台**

　　大堂副理值班台应设置在接待大厅内显眼易找、又不影响客人的进出和行李搬运的位置，以回答客人询问，及时处理大堂的突发事件。通常设置在主出入口附近，选用的家具应与接待大厅的风格相协调，能融为一体。

　　值班台一般由家具组组成，包括一台三椅（其中一张椅子由副理使用，另外的两张椅子供客人使用），可配电话、台灯等。

**5. 大堂吧**

　　大堂吧是大堂的附属设施，往往是接待大厅的一部分。其主要功能是供客人休息、小憩、会客之用，能提供茶水、咖啡、糕点、冷饮等，客人停留的时间一般比在休息室长。

大堂吧一般设置在大堂较僻静处，尽量避免受到其他的干扰，但也应让客人易于寻找，方便到达。

大堂吧一般采用开放式设计，而不作封闭式的围闭。其空间的分隔多用以下的方法：

（1）地面采用与大堂相同的材料，用不同的图案、色泽进行虚分隔；

（2）地面采用与大堂不同种类的材料进行虚分隔；

（3）地面比大堂抬高或降低 120～300mm（1～2 级），以地面高差进行虚分隔；当大堂吧面积较大、高度较高时，可将高差增至 900～1200mm；

（4）以栏杆、绿化等进行分隔。

在设计上通常综合运用上述方法，可以是其中两种组合，也可以是多种方法的组合。若以实物分隔，分隔物应尽量矮而通透。

大堂吧的地面装饰材料一般为地毯，也可以采用优质木板或与接待大厅相同（相似）的地面装饰材料。墙面的装饰材料一般与接待大厅相同。顶棚的装饰材料一般与接待大厅相同或稍有变化。

大堂吧内的家具一般为小方桌或小圆桌，每桌配 2～4 张椅子。椅子的体积一般比餐椅要大，而且桌子与桌子之间的距离也较大，便于客人交友，商务洽谈。桌子可采用木桌、玻璃桌、藤桌等，椅子一般为相配套的沙发或竹、藤圈椅。

大堂吧的灯光照明不宜太强烈，应采用柔和、暖色调的灯光，以创造悠闲、宁静、舒适、和谐的气氛。

部分酒店使大堂吧自成一体，让大堂吧独处一隅，成为相对独立的空间，甚至用走廊与大堂连接，在形式上更接近咖啡厅、西餐厅，面积较大，可以接待较多的客人。因为其装饰风格可以与酒店的风格特色相同或相似，也可以完全不同。其具体的装饰设计可参考餐饮装饰设计的做法。

大堂吧的面积应根据酒店的性质、规模和容纳客人的数量来确定。

**6. 中庭**

中庭是酒店的共享空间，一般位于酒店的中心部位。它既是提供客人休息、小憩的地方，同时也可是人流通往酒店内部各处的缓冲区。中庭一般设有一定数量的客人休息座、小商亭和小酒吧，可为客人提供茶水、咖啡、点心等，使中庭具有接待大厅、休息室、大堂吧等的功能。酒店的观光电梯通常也设在中庭内，个别大型酒店的中庭还承担了城市客厅的作用。

设置中庭的目的之一是利用顶部的自然采光（部分酒店利用大尺寸的竖向侧窗采光），在建筑物内部产生一个较大的具有自然氛围的空间，以减少人们的压抑感，增强空间的某种开放、自由感。中庭一般分为两种：有顶盖的和无顶盖的。有顶盖的中庭可视为大堂的延伸；无顶盖的中庭类似室外空间，可作花园处理，本书不作重点叙述。

中庭给人的感觉是酒店各部分建筑围合而成的空间。一般中庭将数层打通，高度较高，因而其平面面积不宜太小，形状不宜狭长，以免有井底观天的感觉。由于中庭能受到阳光的照射，宜采用一些园林式的布局手法，如中式、西式、日式、热带风情式等。中庭内可种植或摆设一些植物，并设置雕塑、酒店标志、假山、喷水池等景观，以给人一个舒适、美观的体验。在设计上，要注意动静结合，把握好植物、装饰物的尺度及其与中庭的比例，使中庭丰富、充实、多姿多彩。

中庭的地面饰面材料多采用拼花或不拼花的石材、地砖，也可以采用木材，以便于清洁维护为原则。中庭设有水池时，水池附近的地面饰面应采用防滑材料。墙柱面可采用石材、墙砖或装饰抹灰，较大面积的墙面应配有体现酒店文化氛围的图案。有顶盖的中庭顶部多采用轻盈的钢结构顶棚，尽量多透入自然光线，以保证中庭的明亮。

灯光照明方面，中庭一般不需要太强烈的照明。可参照室外照明的做法，通常在地面安装一些地灯、庭院灯等，也可以在休息座前的茶几上放置台灯。如在墙壁上装数盏有品位的壁灯，在配上悠扬抒情的背景音乐，则更能为庭院增添一点幽静雅致的气氛。

## 3.4　酒店的客房设计

酒店客房是酒店的一个重要组成部分，是获取经营收入的主要来源，是客人入住后使用时间最长的，也是最具有私密性质的场所。相应地，它也应成为酒店设计中的最具有挑战的环节之一。但是长久以来，客房，特别是标准客房的设计含量很低，从功能格局乃至家具款式的每一个细节都大同小异，变成了真正意义上的"标准"客房，这也在住房的客人，甚至许多酒店业主本身的概念中，强制形成了一个客房的固定模式，而这种陈旧模式所带来的种种不便，不人性、不经济也居然成了规范，强迫客人去习惯它，适应它。关于功能"客房是客人在异乡的家"——这不仅仅是一句销售用语，也很准确地定义了客房的功能设计原则。这里应该是一个私密的、放松的、舒适的、浓缩了休息、私人办公、娱乐、商务会谈等诸多使用要求的功能性空间。因而为客人创造一个清洁、美观、舒适、安静、安全理想的住宿环境，是客房设计的基本要求。在设计时，须结合酒店的档次、特色，所在地的风土文化、拟投入资金量等因素，综合平衡，使之能满足各方面的要求。

酒店客房的基本要求是安全、舒适、清洁、安静、能维护客人的隐私。

酒店客房的基本功能是休息、办公、会客、洗浴、化妆、存放行李衣物等。

### 3.4.1　客房区域的平面布局

客房区域通常可分为五大区域：

（1）户内门廊区：常规的客房建筑设计会形成入口处的一个 1.0～1.2m 宽的小走廊，房门后一侧是入墙式衣柜。如果有条件，尽可能将衣柜安排在就寝区的一侧，客人会感到更加方便，也解决了因门内狭长的空间容纳过多的功能，而带来的使用不便。当然，入口处衣柜也可以做，特别是在空间小的客房。一些投资小的经济型客房甚至可以连衣柜门都省去不装。只留出一个使用"空腔"即可，行李可直接放入，方便、经济。高档的商务型客房，还可以在此区域增加理容、整装台，台面进深 30cm 即可，客人可以放置一些零碎用品，是个很周到、体贴的功能设计。

（2）工作区：以书写台为中心，家具设计成为这个区域的灵魂，强大而完善的商务功能于此处体现出来。宽带、电话以及各种插口要一一安排整齐，杂乱的电线也要收纳干净。书写台位置的安排也应依空间仔细考虑，良好的采光与视线是很重要的，不一定要像过去的客房那样面壁而坐了。（注：以上为商务酒店模式，度假酒店可另做考虑。）

（3）娱乐休闲区、会客区：以往标准客房设计中会客功能正在渐渐的弱化。从住房客人角度讲，他希望客房是私人的，完全随意的空间，将来访客人带进房间存在种种不便。从酒店经营者角度考虑，在客房中会客当然不如到酒店里的经营场所会客。后者产生效益，何乐不为？这一转变为客房向着更舒适、愉快的功能完善和前进创造了空间条件。设计中可将诸如阅读、欣赏音乐等很多功能增加进去，改变了人在房间就只能躺在床上看电视的单一局面。

（4）就寝区：这是整个客房中面积最大的功能区域。床头屏板与床头柜成为设计的核心问题。为了适应不同客人的使用需要，也方便酒店销售，建议两床之间不设床头柜或设简易的台面装置，需要时可折叠收起。至于集中控制面板就不要再提了，这是客房中最该淘汰的设备。床头柜可设立在床两侧，因为它功能很单纯，方便使用最重要，一定不要太复杂。床头背屏与墙是房间中相对完整的面积，可以着重刻画。但要注意床水平面以上70cm左右的区域（客人的头部位置）易脏，需考虑防污性的材料，可调光的座灯或台灯（壁灯为好），对就寝区的光环境塑造至关重要，使用频率及损坏率高，不容忽视。

（5）卫生间：卫生间空间独立，风、水、电系统交错复杂。设备多，面积小，处处应遵循人体工程学原理，做人性化设计。在这方面，干湿区分离、坐厕区分离是国际趋势，避免了功能交叉、互扰。

1）面盆：台面与妆镜是卫生间造型设计的重点，要注意面盆上方配的石英灯照明和镜面两侧或单侧的壁灯照明，二者最好都不缺。

2）坐便区：首先要求通风，照明良好，一个常忽略的问题是电话和厕纸架的位置，经常被安装在坐便器背墙上，使用不便。另外，烟灰缸与小书架的设计也会显示出酒店的细心周到。

3）洗浴区：浴缸是否保留常常成为业主的"鸡肋"问题，大多数客人不愿意使用浴缸，浴缸本身也带来荷载增大，投入增大，用房时间延长等诸多不利因素，除非是酒店的级别与客房的档次要求配备浴缸，否则完全可以用精致的淋浴间代替之，节省空间，减少投入。另外，无论是否使用浴缸，带花洒的淋浴区的墙面材料选择时，要避免不易清洁的材料，像磨砂或亚光质地都要慎用。

4）其他设备：卫生间高湿高温，良好的排风设备是很重要的。可选用排风面罩与机身分离安装的方式（面板在吊顶上，机身在墙体上），可大大减少运行噪声，也延长了使用寿命。安装干发器的墙面易在使用时发生共振，也需注意！关于客房里的电路控制，一般就是指灯光的回路与开关的控制。很显然，老式的集中控制面板使用很不方便，不宜再继续使用。"家庭化"的要求将客房的控制方式回到家居模式——在相应的照明灯具附近有相应的开关面板控制，简明清楚，符合客人的使用习惯。

（6）除以上区域外还有公共走廊及客房门：客人使用客房是从客房大门处开始的，一定要牢记这一点，公共走廊宜在照明上重点关照客房门（目的性照明）。门框及门边墙的阳角是容易损坏的部位，设计上需考虑保护，另外房门的设计应着重表现，与房内的木制家具或色彩等设计语言互通有关，门扇的宽度以 880～900mm 为宜，如果无法达到，那么在设计家具时一定要把握尺度。

## 3.4.2 商务酒店客房的装饰设计

通常在城市商务酒店室内设计规划时，我们将其划分三个区块：一、客房区块；二、公共区块；三、后场区块。客房区是酒店的主体部分，一般占酒店总建筑面积的 60％ 以上；公共区是酒店诸多功能集合区，一般占酒店总建筑面积 25％ 左右；后场区是为酒店客人服务的后勤区，一般客人是看不到的，占酒店总建筑面积的 15％ 以内。所以我们说酒店的室内设计主要是围绕客房设计来展开工作的。客房的设计成功了，整个酒店的室内设计就成功了百分之八十。所以在了解了客房的一些基本功能及要求后下面我们着重来介绍一下商务酒店客房的装修设计。

酒店室内设计三大区域的规划：

**1. 客房的面积**

客房的标准间面积对于整个酒店来讲是一个最重要的指标，甚至可以决定整个酒店的档次等级。从 20 世纪 80 年代以来，中外酒店设计中的客房面积是越来越大。我们知道，客房面积的大小受到建筑柱网间距的制约。在酒店设计中，20 世纪 50 年代开始，西方国家特别是美国的酒店客房开间多采用 3.7m 的宽度，到 80 年代，这种方式流传到我国，从那时起，我国酒店的建筑大多采用 7.2m、7.5m 的柱网。按照一个柱距摆两间客房的设计来计算，客房的面积约为 26～30m² 左右，到了 90 年代建筑柱网间距扩大到 8～8.4m，这时的客房面积也扩大到 36m² 左右。20 世纪末到 21 世纪初柱网间距又扩大到 9m，这时的客房面积约为 40m² 左右，现在的新建高档酒店一般柱网间距为 10m，所以客房面积加大到了 50m² 左右。

综合国际国内的通行做法，我们对上述四个时期面积指标的房间的技术经济性能作了一个比较：房间的开间在 3.7m 左右时，性价比（建筑成本与房间功能之比）最佳。半个多世纪以来，全世界的城市商务酒店差不多都是沿用美国假日酒店创始人凯蒙斯·威尔森设计的客房标准形式（我们俗称标准间），这种房间一般净宽 3.7m 左右，可在墙的一边安放两张单人床（Twin Room）或者一张双人床（King Room），在另一面可摆放写字台、行李架、小酒吧，还有较为充裕的过道。客人躺在床上观看放在写字台上的电视时，观赏的角度和距离正合适。当时的"标准间"一般是 7.2～7.5m 柱网，层高为 3m，面积为 26m²，房间内的家具十一件，卫生间的设施是三大件、六小件。这个标准从国外到国内持续了许多年，堪称经典。

如果将房间加宽到 4m 时，房间并不能多摆放一件家具。客人在房间内的活动并没有得到太大的改善。反而客人因观看电视的距离大于 3m 而感到视觉疲劳。如果将房宽 3.7m 的客房的长度加长 60～100cm 时，则客人的活动空间加大许多。从建筑成本角度来讲，房间宽度扩大 0.3m 与加长 1m 的增加成本是差不多的，真正使房间的空间有较大的改善的是 4.5～5m 左右的开间。这时客房可以采取新的布局，打破垄断了大半个世纪的威尔森标准间的做法，使客房设计具有明显的创意和豪华舒适感大大增加。这也说明了为什么 3.7m 左右开间的客房能持续六十年不败，而 4m 开间的客房十年不到就更新换代了。结论是：3.7m 的开间或 7.2～7.5m 柱网作酒店客房时其性价比最佳。但从发展趋势看，4.5～5m 的开间或 9～10m 的柱网所构成的客房空间感和舒适感，较受设计师的欢迎。

**2. 客房的功能分区及空间分析**

（1）小走道

小走道是客房外进入客房内的过渡空间，在这个部分，我们通常会集合交通、衣柜、小酒吧等几个功能，从当今的设计趋势来看，似乎偏重强调交通功能，其他两个功能都有所转移。为了突出客房的"大"，在这个过渡空间的"形体塑造"上多采用"压"的方法，这也是所谓"先抑后扬"。让客人先通过一段层高低些的过渡空间，到了卧房区后会有一种豁然开朗的心理感受。所以这个空间的尺寸感上可能会偏低一些。压低走廊吊顶高度另一个好处是充分利用了走廊吊顶内的空间，将空调的风机盘管、新风管、管线……都设置在此。小走廊的净宽度也有一个最低要求，即净宽要达到1.10m，小于1.10m在使用上将会造成不便。现在的许多设计都通过各种方法来拓宽这一宽度，比如"硬性加宽"，有的设计将小走廊宽度达到了1.3m（多发生在房间净宽大于4.1m以上时），这种手法虽然加宽了小走廊但却压缩卫生间的空间。为了不减小卫生间的面积，可采用"视觉加宽"，即在小走廊的立面上使用镜面或玻璃，利用其反射性或通透性来增加空间扩张的心理感受。使客人在经过小走廊时的舒适度提高。"空间交融"：将小走廊与卫生间的墙体处理成移动隔断，当卫生间不使用时，将移门打开，将卫生间的空间融入小走廊的空间之中，来达到扩大空间的作用。由于移门的使用使得如酒吧、衣柜等这些功能被转移到其他空间之中（在传统的客房设计中，这两个功能总是依傍在小走廊空间里的）。

（2）卫生间

客房设计好了，整个酒店的设计成功了百分之八十；而客房卫生间设计好了，客房的设计也就成功了百分之八十，客房卫生间的重要性不言而喻。

我们将卫生间分成两个区：干区、湿区。四个功能：淋浴、浴缸、坐便、洗手台（有的酒店的客房卫生间还增加了化妆台功能）。除了要求满足上述功能外，最重要的是要方便使用，干区与湿区的分割要合理，卫生间内的流线设置顺畅，客人使用方便安全。

湿区的设计包括淋浴、浴缸。淋浴空间要求封闭，客人在洗澡时，水不能溢出到外面。人性化设计的细节处理使我们非常注重湿区的淋浴设计，如地面防滑问题；排水通畅且地下排水口隐蔽的问题，在1m²左右的小空间中设置小石凳，以方便客人搓澡，浴液盒的大小、位置、高度也须仔细考量，要特别计算客人在淋浴间动作所需的基本空间。与淋浴间的客人是站着活动的设计相对比，浴缸区的设计是考量客人躺着活动的特殊要求，浴液、皂盒和手持花洒的位置、浴缸拉手的长度、高度，浴缸溢水的处理等都必须依照人体工程学的要求来设计，浴缸的五金龙头安装位置不要阻碍客人的活动。

干区的功能包括坐便器和洗手台，洗手台的设置上按原有的功能外可增加小电视机，当然放大镜、110V连体插座、电吹风等作为保留项目依然是设计师下功夫的地方，挖空心思地作一些花样的是陶瓷洗脸盆与台面的关系，或台下盆，或台上盆，或一半台上一半台下的处理。由于在洗手台上要放置一些日常洗手洗漱用品，故要有一定的长度，设计的实践证明，其长度不要小于1m。坐便处的处理最好是将其隔成一个独立的小空间，单独为它设门，这样当卫生间的墙体改为移门后，坐便的私密性依然良好。在坐便器的空间里加设书报夹、电话和SOS。

（3）客房

客房大致也分为三个功能：睡眠、起居、工作。

睡眠区是室内设计师下功夫最多的区域之一了。无论是大床还是双床，最要紧的是床背板和床头柜的设计，无论形式上和材料上有什么样的变化创新，有一点是要特别注意的就是要与写字台的款式和材料相吻合，设计元素要有联系。床垫规格尺寸、软硬度的要求直接体现出客房的舒适度，一般情况下的设置是较为中性，不软不硬，垫子的弹性好，但另配置一部分 100mm 厚的软垫子以备不时之需。

近年来，客房内的起居功能设计有了较大的改变。20 世纪八九十年代，这个区域往往是两个沙发加一个茶几，再配上一个落地灯。而当今则更多地强调"商务"这个立意，沙发的布艺颜色、材质可以独出心裁地与房间内的其他布艺大不相同，甚至两件沙发的款式、布艺也各不相同，这非但不会破坏房间的整体感，反而更富有生气，更具有"家庭"感，客房的设计创新往往就是从这些摆件开始的，当然如果要说到空间上有大的创意的话，那就是在客房的设计中增加了一个阳台，把室外空间拉入到室内来，突破了几十年来一成不变的客房空间感，打破封闭性。客房要将睡眠、起居、工作几个功能综合起来设计，在其中应容纳 1～4 人，同时可发生几项活动。设计师通过技术处理将一些功能区分隔或合并，来增加客房对不同客人的适用性。

写字台作为商务酒店客房的主要设施之一，它具有一种象征的意义，在休闲度假酒店中写字台不应那么正式或摆的位置不能太显眼，但城市商务酒店的客房陈设中，除了床外，就是写字台要作为重要设计要素之一了。我们之所以强调它的尺寸、高低、形状、颜色、材质等，是因为商务酒店的主要功能之一——"商务"，商务工作用的写字台就为了其标志性的设施。

工作区的写字柜台已不是过去单一的书写功能了，而是把电视机、音响（大多数的五星级酒店客房设置低音箱与电视机连接，其音响效果更佳）、写字台、小酒吧、保险箱、行李架组合在一起。把过去的单件构成一个整体，书写台的组合形式因其尺度大，所以其款式、材质、颜色决定了整个房间的装修风格。陈设方式也从过去的"面壁书写"到现在"面向房间书写"。

**3. 客房的家私、设备**

在客房中除了固定家私（如衣柜、酒水吧、洗手台）之外，更多的是活动家私。

基本的活动家私如下：①床（两张床 1.35m×2m 或一张大床 1.8m×2m）；②床头柜（1～2 件）基本尺寸 500×600×500）；③书写台、电视柜、行李架或三个功能连体的书台（长度在 3m 以上）；④写字椅（1～2 件）；⑤沙发（1～2 件）或躺椅 1 件；⑥茶几（1件）；⑦化妆凳（1件）。

客房的设备：客房的设计中除涉及给水排水、强弱电、空调暖通、消防报警等专业的设备之外，与客人直接使用有关的设备如下：①小冰箱（50 升以上）；②电视机（最好是37 寸以上的薄型电视）；③保险柜；④低音箱；⑤音响；⑥电水壶。

卫生间的设备：①淋浴器，花洒头最好直径大于 25cm，带有水流调节系统和水温调节系统的龙头；②浴缸，不小于 1.5m×0.78m，并带有手持花洒头；③洗手盆，带有可调节水流、水温的龙头；④坐便器，最好是低噪声涡旋式连体水箱；⑤毛巾架、浴帘杆、浴巾架、肥皂盒、厕纸盒、漱口杯架、漱口杯、电吹风、书报袋、SOS、晾衣绳。

客房入户门：无论户型如何变化，室内陈设物如何新奇，无论设计师挖空心思搞什么样的创新，有一个部分是永恒的，这就是客房的入户门。"门"这个大家都司空见惯的物件，看似简单，其实内装玄机。几种数据不容忽视。门的高、宽、尺寸数据在过去几十年来，许多设计师把标准图集上的门的尺寸奉为经典：这个尺寸一般是 2100mm×1000mm为门的洞口尺寸，安装了门樘之后，门扇的净尺寸就只剩下 2030mm×850mm。而现在我们作为五星级酒店客房设计时，进户门的尺寸已经大大改变了，一般情况下是 2300mm×

1100mm 的门洞尺寸，安装门槛之后，门扇的净尺寸为 2230mm×1000mm。许多情况下，只要现场的层高允许，有时候我们把门的高度提高到 2400mm，这样做的主要目的是以投入较少的资金来提高客房的档次。人在进入客房的一瞬间，门的形式感传达出的信息就会给客人一个高贵的认知。

门的设计是体现客房个性化的一个重要部品。客房入户门应选用厚度不小于 51mm 的实心木门，隔声效果不低于 43dB，3 个以上的 12 寸合页固定，门上端装有暗式或明式闭门器，下端装有自动隔声条，周边贴有隔声毛条，门板上装有猫眼、防盗链。门锁带插卡电控系统。特别要提示的是靠房间内侧的门扇上一定要有消防疏散指示图，外侧一定要有房门号码。

# 3.5 通道和电梯厅设计

## 3.5.1 客房通道的设计

酒店客房过道设计应注意以下几点：

（1）客房的走道最好给客人营造一种安静安全的气氛。走道的门可以凹入墙面，凹入的地方可以使客人开门驻留时而不影响其他客人的行走，但凹入不要太深，最好在 450mm 左右，太深了，若有客人出门时，恰好别的客人由门前经过时反而会受到惊吓，而失去安全感；灯光既不可太明亮，也不能昏暗，要柔和并且没有眩光。可以考虑采用壁光或墙边光反射照明。在门的上方最好设计一个开门灯，而使客人感觉服务的周到。

（2）客房走道地面、墙面的材料要考虑易于维护和使用寿命。有的新酒店使用不到半年就旧了、脏了，除了管理清洁的原因，也有设计师选材不考虑其使用性的原因。客房的走道尽量不要选用浅色的地毯，而要选择耐脏耐用的地毯；墙边的踢脚板可以适当地做高一些，可以做到 200mm 高左右，以免行李推车的边撞到墙纸；有的酒店客房走道甚至还设计了防撞的护墙板，也起到扶手的作用。如此，既防止使用过程中的无意损坏，也为老年人提供了行走上的方便。

（3）现在流行不压角线的施工工艺，即墙面的墙纸和天花直接连接，最好不要这样设计，因为墙与天花乳胶漆的收边会成为问题，时间长了，会由于热胀冷缩的不同而产生裂痕。如一定想如此设计，也可以考虑在墙纸与顶棚交接处做凹入 12mm 左右的缝。顶棚不宜做得太复杂，净高也不宜太高或过矮，一般不要高于 2.6m、低于 2.1m。客房入口门上的猫眼不宜太高，要考虑身材不高和未成年人的使用因素。

（4）为了隐藏走廊上部的设备管线，走廊一般需要顶棚，封闭的顶棚应预留检修口。检修口宜作隐蔽处理。走廊所用的装饰材料必须符合相应的防火等级要求。由于走廊的高度受限制，走廊的照明一般采用嵌入顶棚内的灯具，也可以采用壁灯或节能灯带。

## 3.5.2 电梯厅的设计

电梯厅的风格应该从属于室内空间的整体构思，其设计主要围绕功能展开。不同于通过性的走廊和楼梯，人们在这里需要短暂的等待，因此，电梯厅的地板、天花、墙面应共同构成一个相对封闭、完整的空间，其性质是静态的。由于电梯厅的空间较小，一方面要利用色彩、灯光及装饰物形成的方向性等扩大空间感；另一方面则要加强细部的设计，形成视觉落点，减缓人们等待电梯时产生的焦虑情绪。

首层地面的装饰材料一般使用石材、地砖或地毯，颜色以素色为主，设置拼花图案可增加装饰效果。标准层地面的装饰一般与走廊采用相同的饰面材料，通常使用地毯，也可以使用大理石或地砖，颜色一般与走廊相同。

首层的墙面一般使用大理石或墙地砖进行装饰，也可以配合酒店的特色采用木材、皮革等材料搭配装饰。主要墙面宜设置配合酒店主体特色的图案或以素色墙面配书画作品、装饰工艺品。标准层的墙面一般使用墙纸、涂料、大理石或墙地砖，颜色宜采用暖色，以给人温暖安逸的感觉。在电梯正面的墙面设置壁灯或工艺品装饰，可避免墙面的单调，活跃电梯前厅的气氛。工艺品宜有专门的照明加以强调。

首层的高度通常较高，首层的顶棚一般使用造型顶棚进行装饰，配吊灯。顶棚吊顶的材料主要为胶合板或纸面石膏板，用墙纸或涂料饰面。标准层一般使用平顶顶棚进行装饰，配嵌入顶棚内的灯具。标准层的净高足够时，也可以采用造型顶棚，配吊灯或暗藏灯槽。当净空不够、电梯前厅的顶板平整时，也可以直接抹平喷白，配吸顶灯或壁灯，但这样的做法效果较差。顶棚吊顶材料主要为胶合板、石膏板等，用墙纸或涂料饰面。顶棚的颜色以浅色为主。当顶棚内有管线设备时，应在隐蔽的（或不引人注意）位置预留检修口。

电梯的门一般由电梯厂配套提供，饰面主要为不锈钢和喷涂饰面钢门两种，电梯厂通常配套提供与电梯门相同饰面的门套。电梯厂提供的门套有大门套和小门套两种，装饰设计要注意与其在颜色和材质上相协调。电梯前厅装饰包括门套时，要求电梯厂提供小门套，以保证电梯前厅的整体效果。门套的装饰材料主要为大理石、木材或墙地砖。使用大理石或木材做门套时，可采用线条和造型；使用墙地砖或金属材料做门套时，一般不做造型或仅做简单的造型，用材料拼缝时产生的凹凸线条予以配合。

# 3.6　多功能厅设计

多功能厅是酒店中面积较大的空间之一，设置多功能厅的目的是在同一大空间内可以通过简单的变化满足多种不同的使用要求。多功能厅也就是宴会厅，实际上可供宴会、会议、典礼、展销、联谊和演出等多功能用途，有时还以活动隔断间隔成两、三个或更多厅堂分开使用。其规模取决于当地的市场需要，是酒店项目前期重大决策之一。

## 3.6.1　多功能厅的一般设计要求

1. 为满足酒店多功能需要，多功能厅一般都具有高大空间。多功能厅拥有一个大跨度的空间，一般净高应不低于 3.6m，而面积在 750m² 以上的多功能厅净高应不低于 5m，1000m² 以上的净高应不低于 6m，适当的空间尺度可营造出特定的环境氛围。

2. 多功能厅应设有前厅和休息厅，成为会前接待签到、休息场所，需要宽度不小于4.5m 的更大集散区域，其中设有贵宾室、接待、礼宾台、衣帽间、电视公告显示屏、小卖部和卫生间，有时还设记者站，应会议要求设临时的咖啡茶点供应台等。

3. 宴会厅应设有紧邻的宴会专用厨房和储存酒水饮料、餐具的空间，并且最好沿厅堂长边布置备餐间，有较短的服务路线；当没有条件设专用厨房时，也要设有一定面积的备餐间，并备有加热炉灶，将汤菜保温加热。

4. 为满足多功能的需要，在适当的位置还要配套设置化妆更衣间、演员休息室、灯光控制室、会议视频设备间、家具库和服务间等辅助用房。为满足将会场座椅更换成餐桌的转场要求，不仅需要足够的堆放面积，还要有通畅快捷的搬运通道。还有的多功能厅中装备有汽车电梯，可供车展或运送大型设备用。当举行婚礼时，婚礼车可由此直接驶进大厅。

### 3.6.2 多功能厅的空间分隔

宴会厅、多功能厅为了适应不同的使用需要，常设计成可分隔的空间，需要时可利用活动隔断分隔成几个小厅。入口处应设接待与衣帽存放处。应设储藏间，以便于桌椅布置形式变动。可设固定或活动的小舞台。小宴会厅净高为 2.7～3.5m，大宴会厅净高 5m以上。

1. 帷幕式灵活隔断：以两道有一定间距的活动帷幕分隔空间，其间距可隔声。

2. 折叠式灵活隔断：以相互连接的折叠式门扇作灵活隔断。平时折叠式门扇叠合藏在墙内，需要时拉出成隔断，上部悬挂于吊顶骨架内，下部有可降下的模挡固定位置，隔声效果良好。这种隔断适于大空间的灵活分隔、宽度达 20m 以上，最大高度 6m。

### 3.6.3 多功能厅的装饰设计

由于多功能厅的功能较多，因此在设计时需满足多种功能所需要的环境和格调。而目前酒店多功能厅的主要用途主要集中在会议和餐饮，因此设计时也应以会议、餐饮为主，兼顾其他的功能。

地面饰面材料主要为地毯、石材或木材，通常多使用地毯。

墙面应安装隔声、吸声材料，饰面可采用墙纸、涂料、织品、皮革等等。墙面上还可以安装壁灯，以丰富墙面效果。

顶面的设计应豪华、大气。顶面的饰面材料采用纸面石膏板配合墙纸、涂料等。灯饰应造型华丽，如安装一定数量的豪华吊顶组合并配置筒灯、射灯、灯带加以辅助。主席台位置宜配置演出用的聚光灯和帷幕。

大门通常以木门为主，其饰面材料主要采用油漆、织物、皮革等。大门宜做门套，门套的饰面材料和颜色应与大门相协调。多功能厅内的家具应全部可以移动，以便于不同功能的转换。

## 3.7 酒店室内装饰设计案例

本案例（见图 3-2～图 3-27）运用新古典主义风格并加入中国文化元素使两者完美的融合。主要体现在室内柱式、栏杆的做法，对称的布局格式都体现出了新古典主义风格。顶部灯具的设计，如同绽放的花瓣，栩栩如生；地面上的云纹设计，是中国文化用新古典主义的语言来表达及阐述。

本案例主要运用的材料有米黄系列大理石，栗色的木饰面以及少量的金箔、铜板、茶镜等，作为贯穿整个设计中的主要材料。

色调的搭配在整个方案中也尤为重要。柔和的米色搭配与稳重的栗色组合形成的整个装修的基调。适当的点缀金箔、茶镜、黄铜等较为闪亮的材质，也把新古典主义表现得淋漓尽致。

在造型手法上本案利用简单的线条组合把曲线和直线完美的加以运用，变化勾勒出整个设计的理念。云纹设计的穿插，在工整的空间里透露出灵动的变化。行云流水般的云纹，使得整个空间富有灵气。韵律感极强的花格元素反复出现，形成运动感，让整体空间充满生机。动中有静，动静相宜。

本案也十分注重灯光的处理，功能性照明与装饰性照明相辅相成。功能性照明，确保了整个空间基本的完整的照明体系。装饰性照明则表现出了功能性照明所不具有的艺术效果。灯光设计对于整个酒店设计起着画龙点睛的效果。灯光艺术的合理运用可以用较低的造价打造出绝美的效果，可以大大提升整个酒店的整体氛围。

图 3-2　大堂空间效果图

### 3.7.1　大堂空间

大堂空间运用了新古典主义风格，对称的布局格式，顶部灯具的设计，如同绽放的花瓣，栩栩如生。地面上的云纹设计与顶面的灯具相互辉映，恰到好处。如图 3-2～图 3-7 所示。

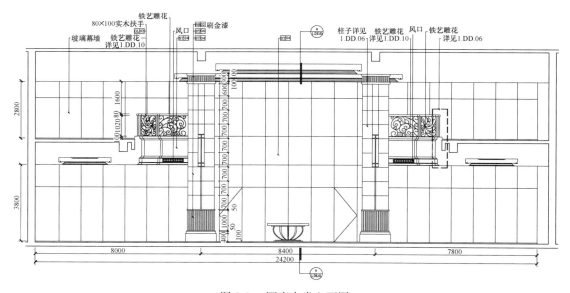

图 3-3　酒店大堂立面图

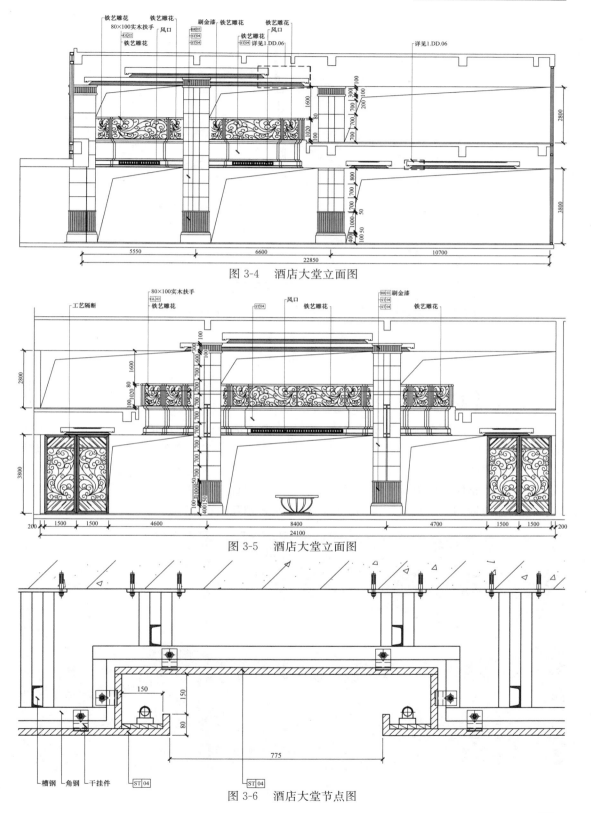

图 3-4 酒店大堂立面图

图 3-5 酒店大堂立面图

图 3-6 酒店大堂节点图

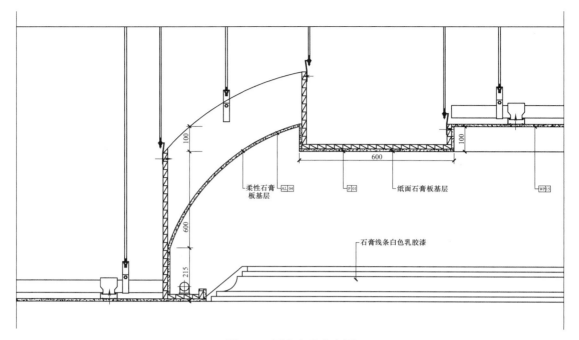

柔性石膏
板基层

纸面石膏板基层

石膏线条白色乳胶漆

图 3-7　酒店大堂节点图

## 3.7.2　多功能厅

本案的多功能厅在设计之初就考虑在同一大空间内可以通过简单的变化满足多种不同的使用要求。它承载着宴会、会议、典礼、展销、联谊和演出等多功能用途，有时还以活动隔断间隔成两、三个或更多厅堂分开使用。墙面上韵律感极强的花格元素反复出现，形成运动感，让整体空间充满生机。动中有静，动静相宜。顶部水晶灯组的设计，大气、端庄。地面上地毯的云纹元素贯穿与整体的设计元素相互映衬。如图 3-8～图 3-14 所示。

图 3-8　多功能厅效果图

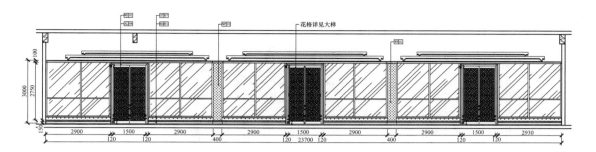

图 3-9　多功能厅立面图

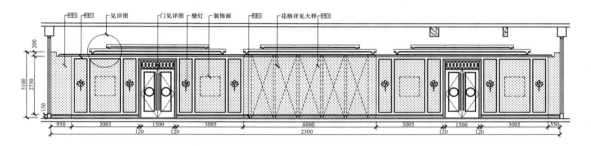

图 3-10　多功能厅立面图

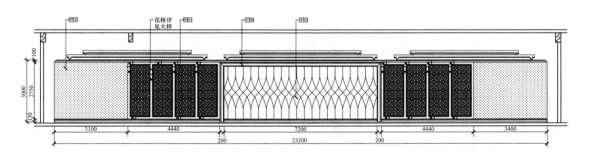

图 3-11　多功能厅立面图

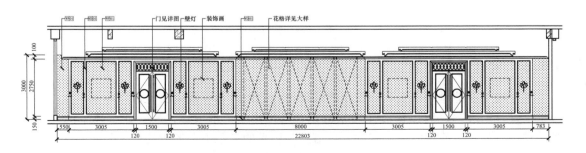

图 3-12　多功能厅立面图

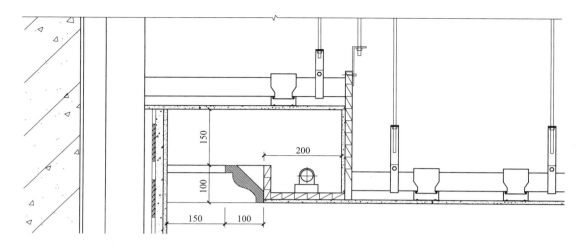

图 3-13　多功能厅节点图

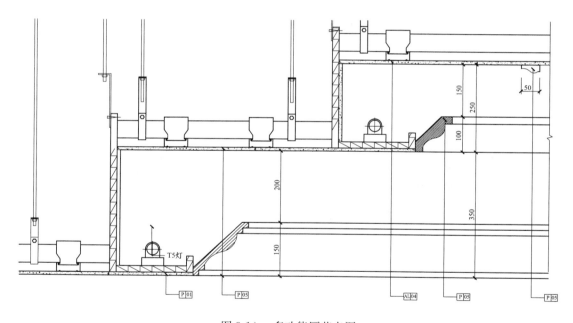

图 3-14　多功能厅节点图

### 3.7.3　餐厅通道

　　餐厅通道在造型手法上利用简单的线条组合把曲线和直线完美地加以运用,变化勾勒出整个设计的理念。韵律感极强的花格元素反复出现,形成运动感,让整体空间充满生机,动中有静,动静相宜。柔和的米色搭配与稳重的栗色组合形成的整个装修的基调,适当的点缀金箔、黄铜等较为闪亮的材质,也把新古典主义表现得淋漓尽致。如图 3-15～图 3-19 所示。

图 3-15 餐厅通道效果图

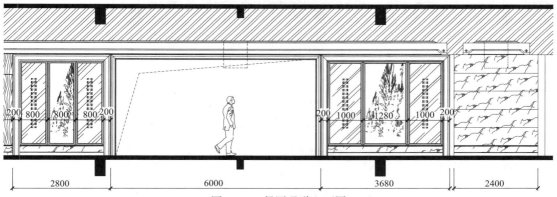

图 3-16 餐厅通道立面图

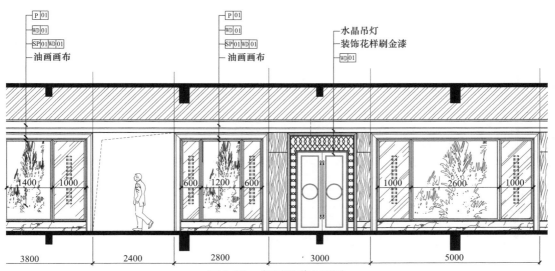

图 3-17 餐厅通道立面图

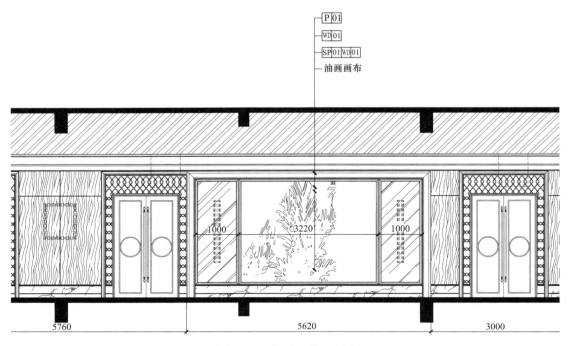

图 3-18　餐厅通道立面图

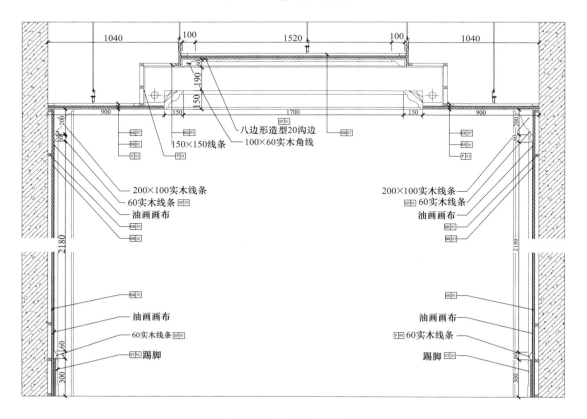

图 3-19　餐厅通道节点图

### 3.7.4　客房

在客房的设计上始终遵循以新古典主义为主要风格。结合了当代星级酒店的标准，在功能空间与流线的划分上，注重了通、透、露、半等隐藏的形式来烘托整个酒店的奢华感与私密感。让每一位宾客都身感尊贵与惬意。主色调为暖棕香槟色，给宾客提供了舒适的就餐、入住环境。整体空间格调高雅，庄重，带有东方特有的低调奢华感。如图 3-20～图 3-28 所示。

图 3-20　客房效果图

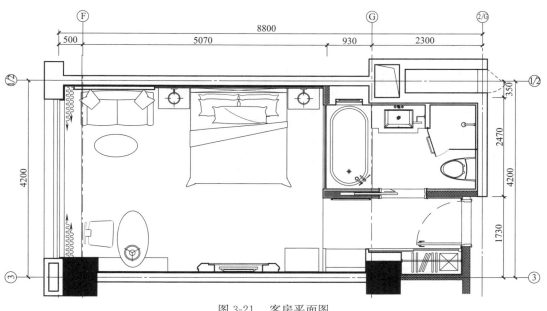

图 3-21　客房平面图

71

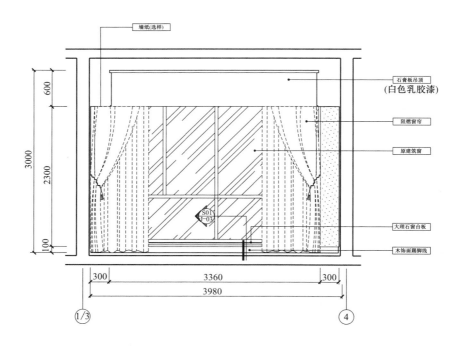

图 3-22 客房立面图

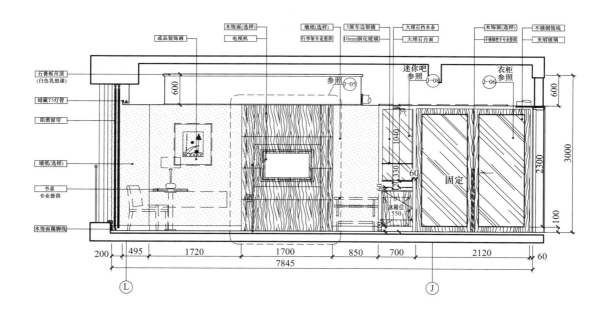

图 3-23 客房立面图

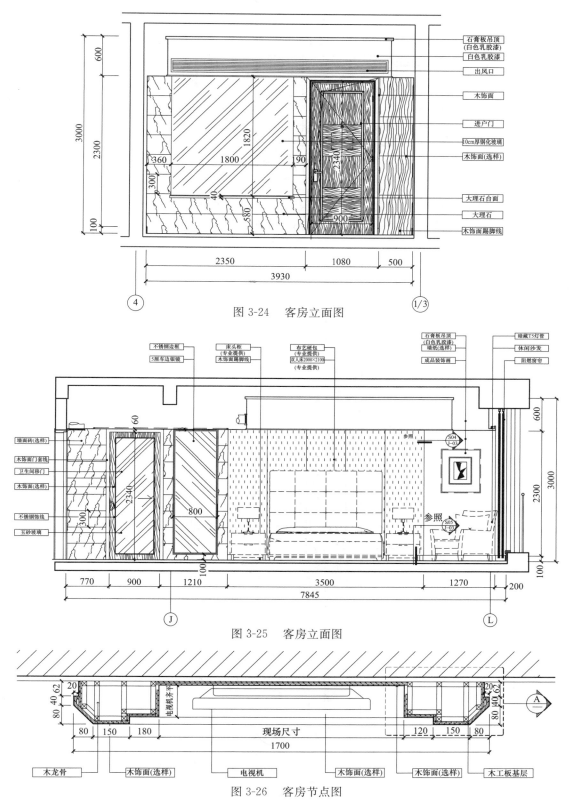

石膏板吊顶
(白色乳胶漆)
白色乳胶漆
出风口
木饰面
进户门
10cm厚钢化玻璃
木饰面(选样)
大理石台面
大理石
木饰面踢脚线

图 3-24  客房立面图

不锈钢边框
5厘车边银镜
床头柜(专业提供)
木饰面踢脚线
布艺硬包(专业提供)
双人床2000×2100(专业提供)
石膏板吊顶(白色乳胶漆)
墙纸(选样)
成品装饰画
暗藏T5灯管
休闲沙发
阻燃窗帘

墙面砖(选样)
木饰面门套线
卫生间移门
木饰面(选样)
不锈钢饰线
玉砂玻璃

图 3-25  客房立面图

木龙骨
木饰面(选样)
电视机
木饰面(选样)
木饰面(选样)
木工板基层

图 3-26  客房节点图

**73**

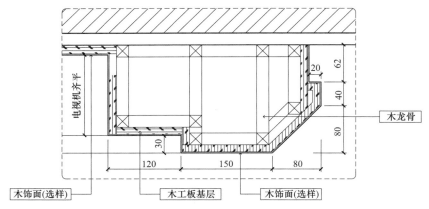

图 3-27　客房节点图

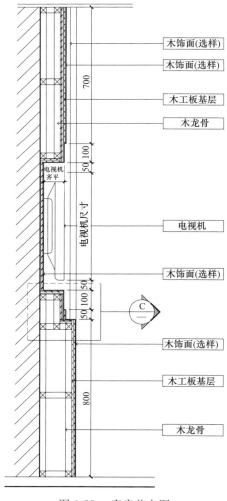

图 3-28　客房节点图

# 第4章 中小学教室室内装饰设计

## 4.1 教室室内装饰设计概述

### 4.1.1 教室装饰设计的主要意义

随着教育的范畴越来越广泛，人们逐渐深刻地认识到环境对学习行为的显著影响，因此当人们把学生的学习行为聚焦在某一特定的空间——也就是教室时，它的设计问题引起了人们的广泛关注，教室设计的优劣直接影响到教与学的效果和学生的身心健康。教室作为基本的教学活动场所，为学生在学校中的各类活动提供了必要的物质条件，教室的内部组成和基本的设计要素所营造的环境氛围是影响使用者体验的重要因素。良好的教学环境的设计能够最大限度地激发学生之间、学生与教师、书本以及其他教学活动和常规教学用品之间的交流和互动，从而深入发掘学生各个方面的潜在能力。

近年来，随着中小学校入学人数的激增，学校的在校人数也逐年递增，提倡学生全面发展和小班制的呼声越来越高，教学模式也发生了显著的变化，在我国一些经济比较发达的地区，教室已经改变了传统的刻板样貌，在保证基本功能的基础上，教室的功能和环境设计有了新的发展。为了使教室环境能够发挥更为积极的作用，教室内部的环境就必须进行规范而科学的设计。

### 4.1.2 教室的分类

了解教室分类的意义在于，在设计分析过程中，不是只针对某种类型的教室进行研究，而是将某种教室作为不同类型的特征综合到一起分析并进行不同需求的设计。

依平面形式分：可分为矩形、方形、五角形、六角形、八角形、扇形等。

依教学主体分：可分为以教师为中心的讲授型教室和以学生为中心的讨论型、作业型等类型的教室。

依空间组合分：可分为单室、复室型教室和群集教室。

依结构功能分：可分为传统式教室和开放式教室等。一般而言，传统教室为教室内的座位是采用成排成行布置，学生面向教师或黑板的听课形式。开放式教室是指教室能符合现代化教学特点，适应各种学习活动和生活活动的空间形式。

## 4.2 教室室内装饰设计的基本原则

教室的内环境作为教学过程中空间使用的主要承载体，在设计时具有其教育功能上的规定性。

1. 教室应有良好的朝向、足够的采光面积和均匀的光线并避免直射阳光的照晒，主要采光面应以均匀的北光为宜。教室内应配备满足照度要求、用眼卫生的照明灯具。

2. 教室需要有良好的声学环境，应隔绝外部噪声干扰及保证室内良好的音质条件。

3. 根据学校所在的地区，教室内应有良好的采暖、隔热、换气和通风条件。

4. 教室内应设有保证教学活动所需的设施及设备。

5. 普通教室的课桌椅规格应符合《学校课桌椅功能尺寸》GB/T 3976—2002 的规定；教室座位布置与排列应便于学生书写和听讲，便于教师讲课和辅导，还应便于通行及安全疏散。

6. 教室内家具设施、装修设备等均需考虑青少年的特点，并有利于安全及维护清洁卫生。

### 4.2.1　教室的声环境

"听"和"说"是教学过程中的一个重要的环节，不同的教学活动场所要求的声环境也有所不同。在开发型教室中，同一大空间内采用灵活隔断分割成不同使用目的的小型活动区域，由于各活动区域彼此相邻，因此声音的干扰显得最为直接和强烈。另外，随着多媒体教学设施的日益普遍化，我国现有多媒体教室多是在原有旧教室的基础上直接改造的，无任何声学处理，普遍存在混响时间偏长、语言清晰度不够、有回声等问题，从而影响到教学质量。因此，我们在进行教室的设计或改造时，必须考虑到声环境的问题。

影响语言声功率的主要因素有：学生与教师之间的距离和方向性关系，听众对直达声的吸收，声音反射面或电声系统对声音的加强等。而影响声音清晰度的主要因素有：回声，扬声器设置不当造成声源移位，环境噪声与干扰噪声等。因此，在进行教室的声环境设计时，必须着重解决好以上影响因素。

首先，教室应有合理的体型。常见的矩形平面教室由于六个面两面相互平行，声音在传输过程中易形成驻波，产生声简和声染色现象，因此，较适用于空间体量要求小的教室。对于大空间教室的平面，则易采用矩形切角、扇形、多边形（如六边形）等可使声音产生较多侧向前次反射的平面形式。同时应注意避免采用圆形的平面，减少室内凹弧形墙面的设置。同时，在设计时还应注意使教室空间具备合理的长、宽、高比例，教室内座位的布置应尽量紧凑并位于声音的可懂度等值线上，以此来提高声音传输的品质。

其次，采用在大空间教室顶棚上悬挂反射板加强听众区的反射声功率，平行墙面或凹弧形墙面的教室内布置扩散体来均匀声场，开放型教室内分隔各活动区域的隔断设施上设置吸声材料（如可移动的隔声墙）等措施，均可起到避免回声、降低噪声干扰的效果。

最后，对于有不同声环境要求的教室，除加强结构的隔声外，还可以考虑拉大间隔距离、分层设置等。

### 4.2.2　教室的光环境

普通教室光环境的设置要求在设计过程应注意中几个容易被忽略的要点。

首先，是普通教室"玻地比"的采用问题。一般来说，普通教室宜优先采用天然采光，在照度不足的情况下再辅以人工照明。但并不是说侧墙开窗面积越大越好，过强的自然光照射容易造成视疲劳，降低学生的专注力。

　　其次，随着现代教学手段的不断更新和使用，灵活教学方式的使用，如开放型教室中不同教学区域的灵活调整、变化，教室作整体均匀照明设计的方式已不能满足使用要求。以带有多媒体设施的普通教室为例，为保证投影屏幕具有清楚的可见度，需要将教室内的灯光关掉并拉上窗帘以阻挡自然光的射入，即除了屏幕外其他区域都处于暗区，一方面，老师无法看清学生的听课反应以及进行多媒体控制台的操作；另一方面，学生也无法看清楚书本和记笔记。因此，新型普通教室的照明应结合具体使用要求作混合照明设计。对带有多媒体设施的教室，可在多媒体讲台处设较低亮度的局部照明以方便教师进行仪器设备的操作；学生区域的照明灯具采用照度可调节式的，以配合投影屏幕的使用。对开放型教室，应考虑采用可移动的照明灯具，通过灯光效果来增强区域感。此外，所有的照明灯具都应可进行单独控制，以满足灵活多变的使用目的。

　　再有，教室内的照明设计除应满足照明使用的基本要求外，还可以通过光线的强弱对比、照射方式、布置形式等来丰富空间层次，起到一定的装饰效果。

### 4.2.3　教室的热环境

　　空气的温度、湿度、清洁度是影响人体舒适感的主要因素。在经济条件许可的情况下，教室内可通过设置采暖系统、空气调节系统、新风系统以及加湿器等来创造一个温、湿度适宜的清洁环境。对于设置采暖系统的教室，通常采用的做法是将散热器布置在外窗下，其优点是沿散热器上升的对流热气流能阻止和改善从玻璃窗下降的冷气流和玻璃冷辐射的影响，使流经室内的空气比较暖和舒适；但缺点则是裸露的高温散热器和管道有烫伤学生的可能性，尤其是低年级的小学生。因此，教室内的供暖系统必须加装外围护结构或直接采用地面加热的方式来供暖。冬季有采暖的教室还可以用加湿器来改善干燥的室内空气。另外，根据学校教室的使用特点，建议空调系统优先采用半集中式的。即先对空气进行集中处理，再根据各个教室房间的不同要求分别进行二次处理后送至室内。考虑到教室是人员密集度较大的活动场所，为保证室内空气的含氧量和洁净度，可增设新风装置。确定教室的空间尺寸时，应预留出管道和设备的安置空间。

## 4.3　教室设施设计

### 4.3.1　桌椅

　　桌椅是学生在教室内进行学习活动时使用频率最高的设施。其型号和规格是根据不同年龄阶段学生的身高及人体各部分的相应尺寸制定的。由于即使是同一年龄阶段的学生彼此身高上也存在差异，因此，不能仅靠单一的尺寸限定来机械化地提供课桌椅的使用标准。课桌椅应该有垂直方向的高低调节功能，以及课桌椅水平面和椅背垂直面的角度调节功能，以满足不同体格特性和不同使用目的的需求。此外，课桌椅的形式、材质、色彩等也应该是多样化的，尽管原有"长桌方凳"的桌椅模式是有其普遍适用性的，但随着教学方式和教学设备的更新，需要有不同形式的课桌椅来满足不同功能组合的需要，如便于小组讨论的圆桌，便于进行小范围交流用的沙发椅等。

### 4.3.2　黑板

黑板是教师和学生之间进行知识信息交流的常用媒介，应该具有以下的特点：易写、易擦拭、粉尘少、经久耐用、便于安装。用粉笔书写的黑板板面为墨绿色，不刺激人的眼睛，有利于视力的保护；用水性笔书写的黑板为增强对比度，板面采用白色。黑板板面应具有磁性，可用磁性钮固定教学图表。在我国，最常见的黑板形式是固定式平面黑板，这种黑板不占空间，但缺点是易产生眩光，尤其是对座位位于远窗前排的学生。为避免这一问题，建议采用弧形或折线形黑板。另外，为增加有限占墙面积内黑板的利用率，相继开发的有升降滑动式黑板、回转式双面黑板、多层开闭式黑板、活页式双面黑板等。

### 4.3.3　多媒体设施

多媒体教学手段由于具有直观性和易接受性，因此被广泛使用。我国由于受到经济水平的限制，因此仅在部分经济水平状况发展较好的城市中小学中被使用。但就发展趋势而言，多媒体教室普及化将是必然的。

**1. 多媒体教室基本组成**

多媒体系统由多媒体计算机、液晶投影机、数字视频展示台、中央控制系统、投影屏幕、音响设备等多种现代化教学设备组成。教室内所有多媒体设备的操作，由中央控制系统用系统集成的方法统一汇集在控制平台上，并在外观上做成讲台的形式加以利用，即多媒体讲台。

**2. 多媒体教室的教学功能**

（1）课堂演示教学——教师在课堂中利用多媒体系统将教学内容直接投影在大屏幕上，并对教学内容进行讲解。运用这种方法传递信息比较直观、明了，可以从视听方面刺激学生的感官，提高学生学习兴趣，增强学生观察问题、理解问题和分析问题的能力，从而提高教学质量和教学效率。

（2）模拟教学——多媒体技术可以把声音、图像、动画等有机地结合起来，模拟宏观世界的现实场景和微观世界的事物运动，以帮助学生学习和理解一些抽象的原理和概念。

### 4.3.4　其他设施

教室内除课桌椅、讲台等基本教学设施外，增设可移动的书架、储物柜、展示柜、饮水机等设施，一方面可以方便学生使用；另一方面可以利用这些设施作为空间划分的临时隔断；再者，通过对书架、展示柜等的布置和装饰还可以体现出班级的风格特色。

## 4.4　中小学普通教室设计的基本要点

教室的声、光、热及装饰、色彩、设施的设置等对使用者在生理舒适感和心理愉悦感方面都会起到不容忽视的作用。因此在对普通教室的内环境进行设计时，必须综合考虑这些问题。

## 4.4.1 教室的采光设计

教室是儿童少年在校学习的主要环境，教室光线充足与否，直接影响学生的视力、听课效果和作业能力。教室自然采光的卫生要求主要是使各课桌面和黑板面不仅有足够的照度，而且照度的分布比较均匀，避免出现眩光（耀眼）现象。为使课桌面有较大的照度，教室采光窗的面积要适当加大，窗上缘应尽可能高。

采光系数——即窗的透光面积与地面面积之比，不应小于 1：4～1：6；室深系数——即窗上缘高与室深之比，不应小于 1：2。单侧采光时，光线应来自左侧，以免造成手部阴影。为减少眩光，设置黑板的前墙壁上不宜有窗。侧面窗下缘的高度（即窗台高）也不宜超过 0.8～0.9m，以免造成靠墙面上的照度不足。各窗间隔不大于窗宽的二分之一。

教室外建筑物、树木等的遮挡，对室内采光影响很大。为使离窗最远课桌面获得较好的照度，要求开角（即课桌面测定点到对面建筑物顶点的连线同该测定点到教室窗上缘连线之间的夹角）不小于 4°～5°，对面建筑物至教室之间的距离不小于该建筑物高的 2 倍。窗玻璃、墙壁、天棚以及室内设备的色调，对室内采光、照明有很大影响。教室前墙壁宜刷成荷绿色（反射率 0.5～0.6），以使前壁颜色与黑板颜色（黑绿色或黑色）相协调，减少明暗对比（即亮度比），天花板应刷成白色，地面最好是灰色，侧墙壁颜色可与白色相近，以增加反射率，而课桌面最适宜的颜色则是木黄色。

室内采光状况是由多方面因素决定的，除受教室朝向、采光系数、室外遮挡物及室内墙壁色调影响外，还受气候、季节、时间、地区等影响。为综合评价教室的采光状况，常用自然照度系数，即室内课桌面的照度与同时室外开阔地自然光照度的比值（％）来表示。因学习（读、写）是精细工作，教室内最暗课桌面的自然照度系数不应低于 1％～1.5％（最好能达到 3％～5％）。为使室内各部分的照度相差不致过大，教室表面（包括桌面）最小与最大照度之比不应低于 1：10，以造成较好的亮度对比环境。双侧采光可增加照度并使照度分布均匀。单侧采光的教室内，靠内墙侧与近窗侧的课桌面上照度相差很大，可考虑加设适宜的人工照明器，以备不时之需。

## 4.4.2 教室的照明设计

教室室内光环境设计是教学楼设计中的重要组成部分，教室的照明条件对创造一个舒适的学习环境、提高学习效率和减少视觉疲劳具有重要作用。

教室照明设计的目的是营造一个良好的光环境，设计首先应满足照度的要求，根据照度计算结果对灯具数量、类型、位置、光源功率进行调整；其次教室布灯应整齐美观，与建筑空间相协调。教室照明是一般照明，照度均匀，光线来自顶棚均匀布置的灯具，可用单一的几何形状，如成行、成列、方形、矩形或菱形格子布灯；除此之外，还应合理选择光源的色温与显色性。

教室照明设计要点：

**1. 照度标准**

不同的工作环境有不同的照度要求，国家制订了具体的照度标准《建筑照明设计标准》GB 50034—2013（以下简称《标准》），在《标准》中，规定了各种场合的平均照度值。表 4-1 列出了部分不同工作环境的照度标准及国际照明委员会（CIE）标准。由表中看出，我国现行《标准》明显低于国外的标准。要保证视觉环境的照度，设计人员要严格按现行《标准》进行设计；并且要考虑光源光通量的衰减、灯具积尘和房间墙壁污染引起的照度值降低的影响，把《标准》中的数值除以维护系数0.75，然后再进行照度计算。其次，对于教室，除了要保证水平面（课桌面）照度外，还要保证垂直面（黑板面）的照度；另外，当电源的光通量下降到初始值的70%及以下时，就应更换，而不要等到电光源不会发光时再更换。只有这样，才能保证教室中的照度值不低于设计值，从而保护学生的身心健康及学习效率。

照度标准　　　　　　　　　　　　　　表 4-1

| 类别 | 参考平面 | 照度标准值(lx) | | | CIE（1983）lx | | |
| --- | --- | --- | --- | --- | --- | --- | --- |
| | | 低 | 中 | 高 | 低 | 中 | 高 |
| 普通办公室 | 0.75m 水平面 | 100 | 150 | 200 | 300 | 500 | 750 |
| 一般阅览室 | | 150 | 200 | 300 | 300 | 500 | 750 |
| 老年读者阅览室 | | 200 | 300 | 500 | | | |
| 设计室、绘图室 | 实际工作面 | 200 | 300 | 500 | | | |

### 2. 灯具选择及布置

教室是长时间进行目视工作的场所，若有彼此亮度极不相同的表面，使视觉经常处于亮度差异较大的变化适应中。为减轻因此造成的视觉疲劳，照明分布应具有一定的均匀度（最低照度/平均照度），工作区的照度均匀度大于或等于0.6，非工作区的照度不宜低于工作区照度的1/5。为使照度均匀，灯距不能过大，灯具离墙不能太远，一般采用距高比（灯距/灯具距工作面高度/）来控制灯距，灯具到墙壁的距离一般取灯距的1/3～1/2，墙边无视觉作业时该距离可取大些，反之可取小些，各种灯距的最大允许距高比取决于灯具的配光曲线。

为了提高教室课桌及黑板面的照度及其均匀度，并考虑现有照明水平和节约电能，通常选用发光效率较高的荧光灯具（YG2-1 型 40W 单管日光灯），并用成行、成列方式布灯。

### 3. 照度计算

要保证教室有足够的照度，《标准》规定的照度范围是100～300lx。取课桌水平面上（课桌的高度为0.8m）的平均照度 $EH=100$lx，黑板面上的垂直照度 $EV \geqslant 150$lx，考虑到灯具积尘及墙壁脏污的影响，计算时取 $EH=100/0.75=133$lx，$EV=150/0.75=200$lx（0.75 是维护系数）。

### 4. 避免产生眩光

眩光可分为直射眩光和反射眩光两种，眩光会使观察者产生不舒适感或视觉能力下降，在照明环境中要避免产生眩光。直射眩光的产生与观察者的视角、灯具表面亮度及背景的亮度有关，表面越亮、背景越暗则越易产生眩光；反射眩光的产生则与视场中出现镜面反射、墙面、地面及桌面采用的材料有关。适当提高环境亮度，减低亮度对比及采用无光泽的材料可消除反射眩光。限制眩光简单的办法是限制灯具的安装高度，各种光源的不同灯具最低悬挂高度均有规定，如40W 及以上的带反射罩的荧光灯为2m。

教室照明设计质量的好坏直接关系到学生的学习效率和身心健康，因此设计人员要严格按《标准》设计；施工单位要严格按图施工；管理人员对灯具的要定期清洗，除去积尘；另外对一些老建筑物的照明系统要及时改造，使之符合现行《标准》的要求，只有这样才能营造一个良好的教室光环境。

## 4.4.3　教室的通风设计

教室的通风指的是通过有目的地设置开口，如门、窗户、通风井等而产生的空气流动。它可以排除室内污浊的空气，改善室内空气品质，提高室内环境的舒适性，同时还可以满足人和大自然交往的心理需求。

教室应具有良好的自然通风条件，保证室内有良好的空气质量。北方寒冷地区应有换气措施。小学教室的层高不宜低于3.6m，中学不宜低于3.8m，因此在做室内设计时应尽量保持教室足够的空间高度。教室的门窗也要有利于采光通风，设计师在设计时也应注意，教室门框的上部也应设采光通风窗。

## 4.4.4　教室的色彩设计

教室内部色彩的设计应遵循色彩自身的和谐与统一、色彩与学生身心发展相和谐以及色彩与教室内部环境相和谐等原则，并将教室内部色彩分为背景色、主体色以及强调色3部分，然后具体从教室天花板、墙壁、门窗、课桌椅、地面及其他室内装饰物等方面提出一些建议，力求为学生创设一个良好的色彩环境。

### 1. 天花板

教室天花板一般要有采光和照明效果，而且出于安定的心理需求，人们通常习惯上轻下重，所以教室的天花板宜用无彩色、低纯度或高明度的处理方法，以显示上部空间的轻快和高耸感，形成宽敞、轻松的感觉。一般情况下天花板的色彩要与教室地面、墙壁色彩形成一种梯次渐变的效果。色彩要自下而上逐渐地由浓转淡，给人一种浑然一体的感觉，使学生置身其中能够感到空间宽阔，从而减少因学生较多而引起的拥挤感。天花板是当前我国中、小学教室内部色彩使用最少的地方，一般都是白色的。白色在过去一直被认为是理想的色彩，但是当学生置身于过多的环境里持久后往往感到茫茫然，视觉缺少焦点，心理上也觉得单调，而且容易引起眼睛疲劳。不过白色确实能够容纳其他各种色彩，作为理想色也是无可非议的。

### 2. 墙面

教室墙面由于面积比较大，而且距离人的视线比较近，故应注意为学生提供消除视觉疲劳、使其感到愉悦的色彩，所以在色彩上要求稳重、柔和，故可运用亮度比较高的淡色涂刷教室的墙面，这样可以使空间显得更为开阔、明远，还可以增加教室内的景色，改变空间的压迫感。人们在长期的实践和研究中发现在众多色彩中，最不易使人眼疲劳的绿色，特别是那种淡淡的苹果绿，人们称为"护眼色"。所以说教室墙面可以广泛使用各种绿色，不仅对保护学生的视力有帮助，而且可以营造一种自然宁静的氛围，使学生们仿佛置身于大自然中，心旷神怡，从而能静心的学习。由于天花板以及墙面占了教室空间的绝大部分面积，所以它们的色彩就成为整个教室色彩的基色。此外，教室的基色还应与教室的朝向相配合。一般来说朝南的教室由于经常有阳光的照射，温度相对较高，室内基色以浅冷色为宜，如浅蓝、浅绿、浅青等色彩，这样可以使学生感到凉爽、舒适、安静；朝北的教室由于射入的阳光较少，温度较低，若再使用冷色做室内基色，就会显得更阴冷，给学生带来压抑和阴森感。在这样的教室内，宜用浅红、浅橘黄、米黄及浅褐色做基色，这样可以增加教室内的生气和活泼感，使学生产生温暖、快乐的感觉。

**3. 门窗**

教室的门窗，其主要功能应该是采光和通风，应当能够使得教室内部透进足够的光线和新鲜空气。由于明度高的色彩反射率比较高，所以门窗的色彩也应以明度较高的色彩为主。我们可以采用两种处理方式：一种是与壁面色统一，给人一种浑然一体的感觉；另一种是与壁面色形成色差或明度差对比，给人一种眼前一亮的感觉。当前我国大部分中、小学教室都已经安装了铝合金门窗，由于铝合金的材质及色彩与其他色彩有很好的兼容性，故许多教室甚至其他建筑中都广泛使用这种门窗。当然，如果教室内的光线太强，则可使用窗帘来进行调节，但由于窗帘的面积一般都比较大，属于大色块，所以窗帘的色彩一般要求比较淡雅，宜与教室基色相协调，不宜反差太大，比如说可以使用淡蓝色、浅绿色、淡青色及淡黄色等等。

另外，窗台上还可以摆放一些盆景植物作为教室的绿化色彩，如吊兰、石竹、龟背竹、仙人掌等等。既可以起到绿化教室的作用，又能利用绿色植物的光合作用增加室内氧气，促进室内空气流通，而且还能够丰富教室空间环境，创造空间意境，营造一种生活气息。

**4. 课桌椅**

课桌椅是教室内部的最主要家具，也是学生学习使用的最主要设施，由于学生平时几乎所有的学习活动都在课桌椅上进行，因此课桌椅的色彩对学生的学习及心理产生很大的影响。一般情况下，课桌椅的色彩可以与教室内部的基色相协调，给人一种统一整体的感觉。由于学生要经常伏在桌子上看书、写字等，桌面距离人的眼睛最近，故桌面可设置成较低纯度的冷色，具有镇静、冷静的作用，从而使学生在长时间的注视下不致产生焦躁、烦闷的情绪，更有利于安静地学习。在实际应用中，课桌椅的色彩可使用淡黄色或暗红色的带有木纹理的色彩，因为这样可以给人一种结构紧致、细密的感觉。同时，为了消除反射眩光，课桌面还应进行不反光处理，避免用色泽过于光亮的油漆涂刷桌面，以免在阳光照射时形成镜面反射，影响学生的视觉活动。目前，我国中、小学教室内的桌面色彩以黄色和暗红色居多，也有一些学校采用乳白色桌面。

**5. 地面**

由于教室地面是所有学生进行学习或其他活动的承载体，所以它必须给人一种稳定、安全的感觉。目前我国小学教室的地面色彩比较单一，很多学校由于经济原因而直接采用水泥地面，但这种灰色容易给人一种消极、沉闷的感觉，而一些条件较好的学校，教室地面则铺上地板，绝大部分是暗黄色木地板，当然，还有一些学校采用的是大理石或花岗石图案的地板砖。色彩作用于人的心理会给人一种或轻或重的感觉。一般情况下，决定色彩轻、重感觉的主要因素是明度，即明度高的色彩感觉轻，明度低的色彩感觉重，所以教室地面的色彩一般要保持低明度和低彩度，而且地面的色相不宜过多，以防止色彩的紊乱和喧宾夺主。当然，物体的质感给色彩的轻、重感觉带来的影响也是不容忽视的，物体有光泽、质感细密、坚硬，给人一种重的感觉；而物体表面结构松、软，给人的感觉就轻。这就是为什么大理石或花岗石图案的地面比较受欢迎的原因。当然，让所有的教室都采用大理石或花岗石做地面是非常不现实的，也是没有必要的，但我们至少可以在色彩上对地面加以设计，使其产生一种厚重、安全的感觉，从而让学生感觉放心地在其上进行学习或其他活动。

**6. 其他**

教室内还有许多其他易于变化更换的小面积色域，如板报、宣传栏、标语或开关套等其他装饰品，这主要是教室内的强调色。可以采用高反差色、对比色等在色性上往往体现出强烈对比、点缀强调的效果，比如说可以使用一些纯度比较高的色彩，如红、黄、蓝、绿等，而且要尽量与教室墙壁色彩形成鲜明对比，这样才会达到突出、醒目的效果。但要注意，所使用的强调色要精心选择，切忌繁杂。随意的涂红漆绿、大小不等、疏密不当等，都会破坏教室色彩的整体美，给人造成一种失去平衡的不安定感。如板报、宣传栏等可用蓝色、黄色、青色作为底色；标语或名言警语可以用红、黄、蓝、黑等多种色彩，以显突出之意；开关套或插座套等充满人性化的小设计则可根据儿童心理特点选用一些色彩艳丽的卡通图案，如此等等。另外，需要注意的是，为避免学生上课时分散注意力，一般来说，在学生视线的正前方，应以素雅的基调为主，不宜布置色彩绚丽的装饰物，从而保证上课时学生的视线不被其他刺激物所吸引，从而保持高度的注意力。而教室后面的墙壁，则可充分使用一些悦目的强调色为装饰。这样，在讲课时，能鼓舞教师始终保持兴奋的情绪，而在课间学生小憩时，又可调节神经，起到消除疲劳之效。古语说："室雅何须大，花香不在多"，这一室内装潢的美学原理，对于教室内部色彩的运用也是适用的。

## 4.4.5　教室装饰材料的运用

**1. 地面**

如今的地面材料是越来越丰富多样化了，在我们针对不同教室的室内地面材料选用也各不相同。

一般教室使用 PVC 地板，其特性能很好地满足教学场所的要求，保护孩子们的或者是求学者们的身体健康。PVC 地板相比传统地板最大的特点就是无毒，无甲醛，环保性好。还有很好的装饰效果，同时具有很好的防滑性，脚感舒适性，防火阻燃性保护人们的身体安全，为人们提供更好的学习环境。

舞蹈类教室，由于舞蹈中很多的弹跳、旋转等因素，所以舞蹈排练教室对地板的安全性、减震性以及反弹性能要求很高。因此，对于舞蹈教室地面设施，我们建议选用专业舞蹈地板。舞蹈专用地板是一种软质的聚氯乙烯地板胶，它是根据舞蹈的特性制作而成，具有弹性适中、润涩适中、有利于缓冲运动中的冲击力，并且易于清洁维护、不变性、不开裂、柔韧度好的特性。好的舞蹈地胶是由 100％纯软质的 PVC 优质材料组成，使其具有最佳的耐久性和耐磨性，从而增加了地板的使用寿命。有些舞蹈地胶通过哑光 NON-SKID 表层处理，使地板足感舒适，不涩不滑，润涩适中，摩擦性能均一，更适合舞者的自由移动及静止。

绘画类教室，绘画是特别容易弄脏周围环境的，素描、水粉、油画、国画、硬笔软笔等绘画方式都会对地面造成不同程度的污染，故画室地面材料的选择尤为重要。首先像木质地板、地毯、地板革等这些需要特别保护保养的材料就不适合使用。现在画室一般都是选用地板砖作为主要地面铺装材料。水粉、国画颜料极易弄脏地面，而地板砖又相对其他材料更易清洗，而且价格适中，因此更适合做画室的地面铺装材料。同时地板砖的颜色选择应当注意，不能选择色相明显颜色鲜艳的颜色，建议选择白色地板砖，因为在学生写生或创作绘画时周围环境色会对作品产生一定的影响，破坏画面影像创作，故应建议选择浅色类地板砖。

**2. 墙面**

通常普通教室的墙面一般采用乳胶漆、硅藻泥等基本材质，但有些教室的墙面也会有一些特殊的材料使用。

音乐教室类，由于音乐教室所产生声音的特殊性，所以音乐教室的墙面会采用不同于普通教室的墙面材料。如吸声板是指板状的具有吸声减噪作用的材料，主要应用于影剧院、音乐厅等对声学环境要求较高的场所。吸声板按材质的不同又可以分为木质吸声板、矿棉吸声板、布艺吸声板、聚酯纤维吸声板等。

**3. 顶面**

教室顶面材料除普通石膏板吊顶刷乳胶漆外，其他材料的选择也多种多样，也应针对不同空间的使用功能进行区分选择。

如方型扣板天花吊顶系统由装饰面板、主副龙骨以及相关配件共同构成。装饰面板为方形块状，采用铝合金制造。具备阻燃、防腐、防潮的优点，装拆方便。适用于大部分普通教室。

同样适用于一般教室的还有硅钙板又称石膏复合板，是一种多元材料，一般由天然石膏粉、白水泥、胶水、玻璃纤维复合而成。具有防火、防潮、隔声、隔热等性能，在室内空气潮湿的情况下能吸引空气中水分子，空气干燥时，又能释放水分子，可以适当调节室内干、湿度，增加舒适感。天然石膏制品又是特级防火材料，在火焰中能产生吸热反应，同时，释放出水分子阻止火势蔓延，而且不会分解产生任何有毒的、侵蚀性的、令人窒息的气体，也不会产生任何助燃物或烟气。硅钙板是由硅质和钙质材料为主，经制浆、成型、蒸养、烘干、砂光及后加工等工序制成的一种新型板材。产品具有轻质高强、防火隔热、加工性好等优点。

除了普通教室外有些艺术类教室对装饰造型的要求相对较高，因此灯膜造型顶棚，拉膜顶棚与拉蓬顶棚等，个性化的顶棚应运而生。因为它的柔韧性良好，可以自由的进行多种造型的设计，用于曲廊、敞开式观景空间等各种场合，无不相宜。因此灯膜顶棚已日趋成为艺术性吊顶材料的首选材料。软膜采用特殊的材料制成，0.18mm 厚，其防火级别为 B1 级。由于灯膜顶棚是一种软膜材料，根据龙骨的弯曲形状来确定顶棚的整体形状，造型随意、多样，它彻底突破了传统顶棚的局限性，能自由、流畅和随意造型。满足了设计师的各种设计要求，所以大量广泛地应用到内装饰的各个范围，因此毫无疑问成了室内艺术顶棚装饰材料的最佳首选。

# 4.5　中小学教室室内设计案例

本案例（见图 4-1～图 4-39）运用现代主义风格作为艺术的提炼与归纳，并表现在平面形式上的符号化，从而更加着重于空间功能的规划。本案设计风格注重人文历史的符号提炼。文化对学校而言，是学校魅力的灵魂所在；正如现代主义是基于人文历史的提炼，丰富的人文基础才能提炼出精致的现代艺术符号。以简洁、艺术的手法，注重场地分析，体现空间的自由开放性。

图 4-1 普通教室效果图

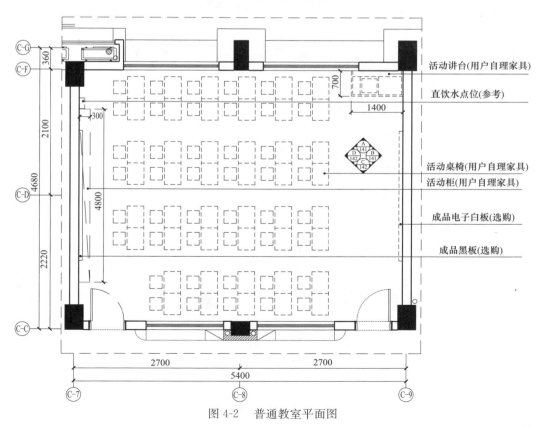

图 4-2 普通教室平面图

本案通过对不同功能区的不同的设计手法，诠释校园精神，反映校园文化的多元性、自由性、兼容并蓄，记载不同时期校园发展的历程。本案装修更加注重内外部空间的交融，强调空间的交往性，让师生在工作和学习之余，同时感受到各功能区域之间相互交融、渗透，以及"以人为本"的理念，并感受到在设计中传承文化、地域特色和学校人文精神特色的校园环境。同时，本案设计中还结合了自然，并充分利用了自然条件，保护和构建了校园的生态系统，努力打造绿色校园、生态校园。考虑到未来的发展，在设计中多采取结构多样、协调、富有弹性的设计方案，以适应未来变化，满足可持续发展的要求。

### 4.5.1　普通教室

本案在普通教室的设计上，结合现代新型办学的要求，作了更加人性化的设计。摒弃了传统的教室布局，在教室内增设学生储物柜、展示架等空间。在地面的处理上也对传统的设计有所创新，地面一改以往的冷色调的水泥地面，采用暖色调的水磨石地面，使整个教室空间变得生动活泼。如图 4-1～图 4-7 所示。

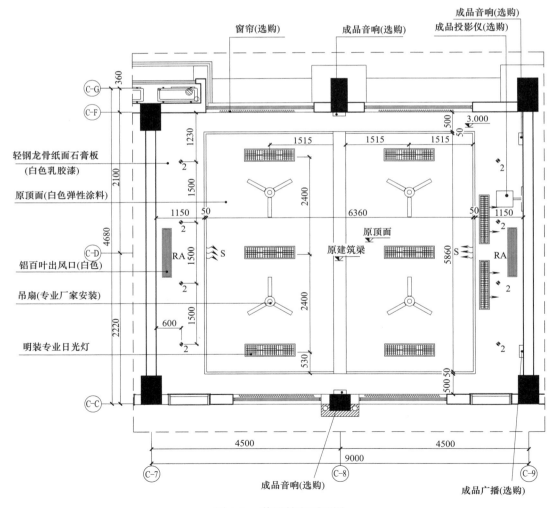

图 4-3　普通教室顶面图

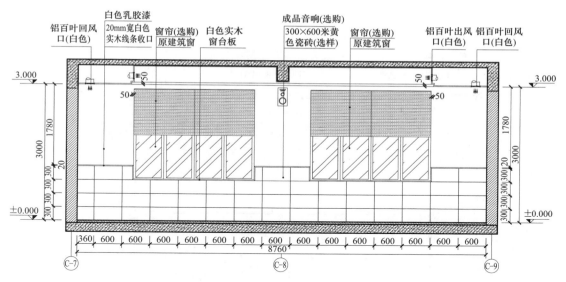

图 4-4 普通教室立面图一

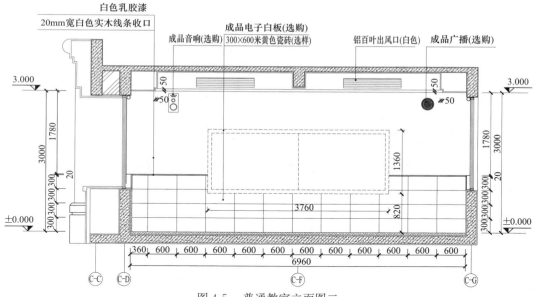

图 4-5 普通教室立面图二

## 4.5.2 书法教室

  在书法教室的设计上本案从美观、实用、营造良好的书法学习氛围角度出发,增设可移动的书架、储物柜、展示柜等设施,一方面可以方便学生使用;另一方面也利用这些设施作为空间划分的临时隔断;再者,通过对书架、展示柜等的布置和装饰还可以体现出书法教室的风格特色。本案的顶面设计巧妙地运用中国文字偏旁部首为元素,并把这一元素用活字印刷雕版的方式体现在顶面空间中,使整体空间充满书卷气息。如图 4-8~图 4-16所示。

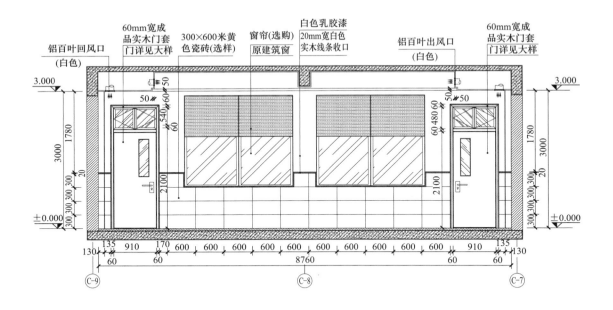

图 4-6　普通教室立面图三

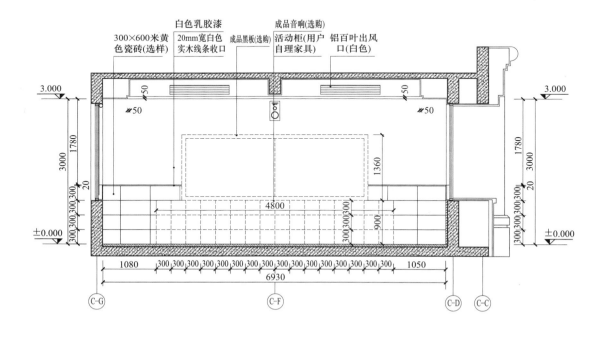

图 4-7　普通教室立面图四

图 4-8　书法教室效果图

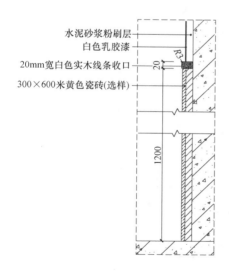

水泥砂浆粉刷层
白色乳胶漆
20mm宽白色实木线条收口
300×600米黄色瓷砖(选样)

图 4-9　书法教室节点图一

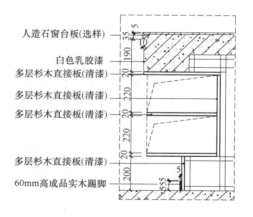

人造石窗台板(选样)
白色乳胶漆
多层杉木直接板(清漆)
多层杉木直接板(清漆)
多层杉木直接板(清漆)
多层杉木直接板(清漆)
60mm高成品实木踢脚

图 4-10　书法教室节点图二

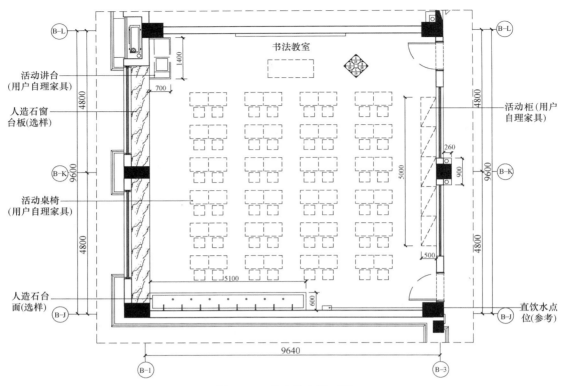

图 4-11　书法教室平面图

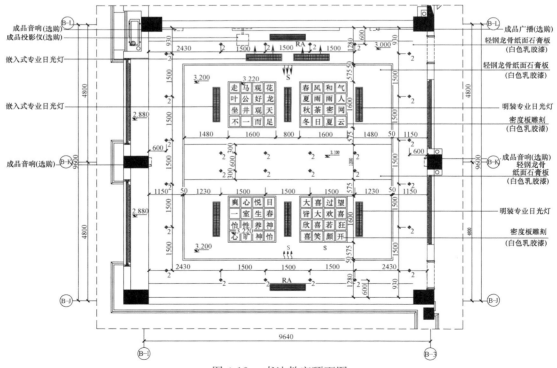

图 4-12　书法教室顶面图

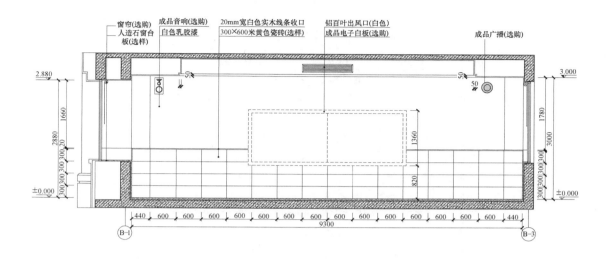

图 4-13　书法教室立面图一

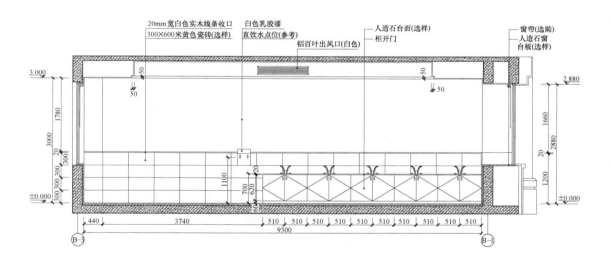

图 4-14　书法教室立面图二

### 4.5.3　美术教室

　　美术教室的布置应该是一种艺术氛围及展现学生作品魅力和风采的陈设布置，是让学生学会追求美、发现美、感受美、表现美的一个载体，这也是本案设计美术教室的初衷。本案并未对教室做过多的夸张修饰，只在空间适当的位置预留出足够的展示柜、陈列架等设施，在预留的空间内可充分的展示有关艺术的名家作品、学生优秀作品。在有效控制成本的前提下，即满足美术教室作品展示学习的需要，又起到了美化空间的作用。如图 4-17～图 4-24 所示。

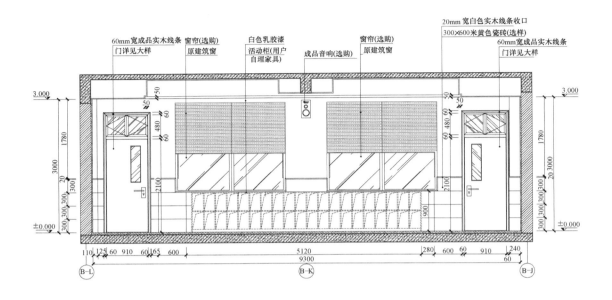

图 4-15　书法教室立面图三

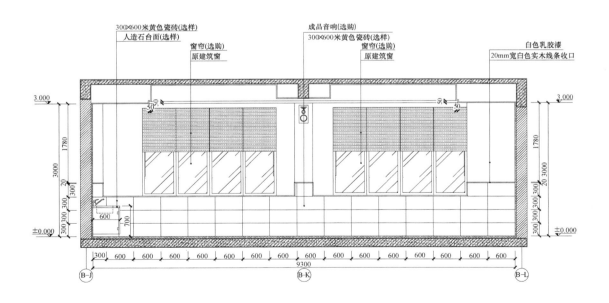

图 4-16　书法教室立面图四

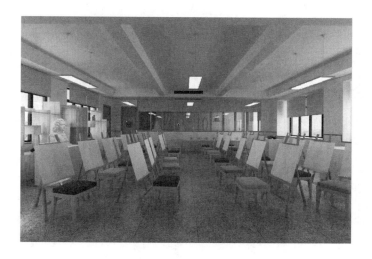

图 4-17　美术教室效果图

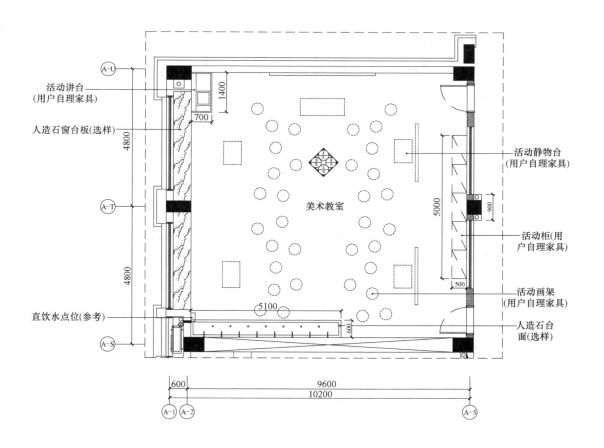

图 4-18　美术教室平面图

93

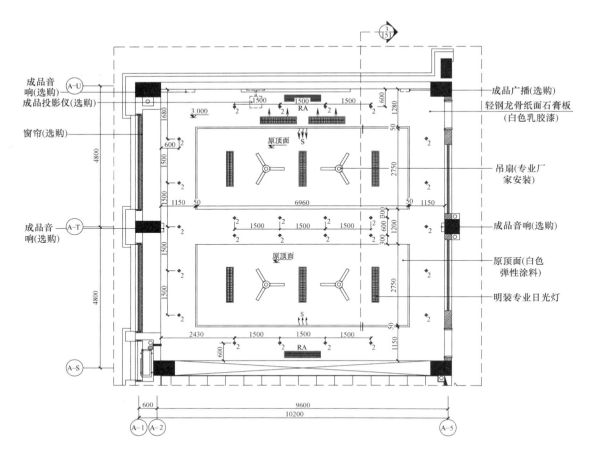

图 4-19　美术教室顶面图

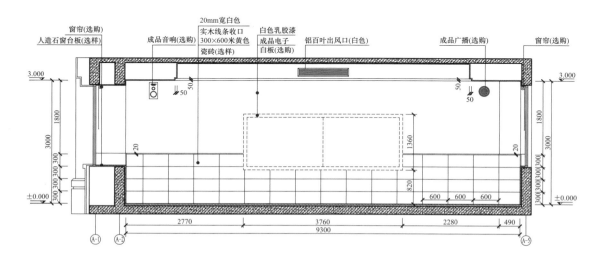

图 4-20　美术教室立面图一

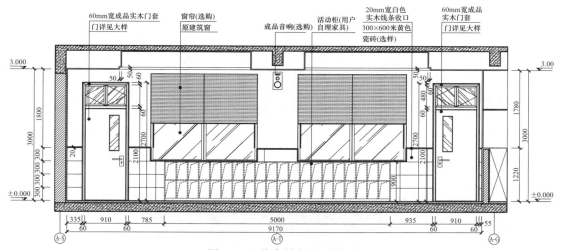

图 4-21 美术教室立面图二

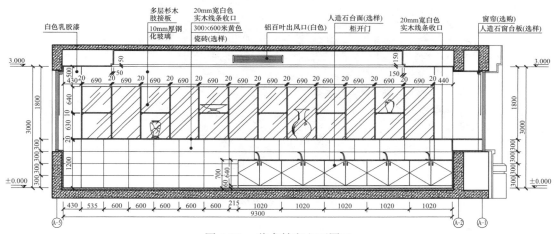

图 4-22 美术教室立面图三

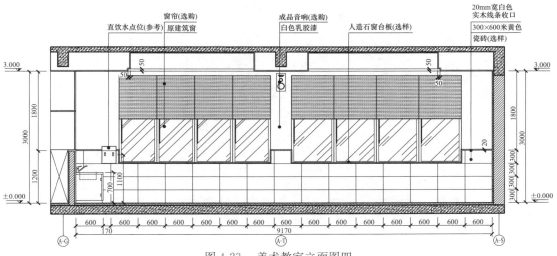

图 4-23 美术教室立面图四

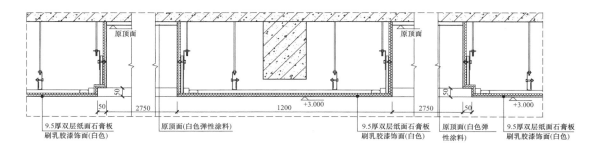

图 4-24 美术教室节点图

图 4-25 音乐教室效果图一

图 4-26 音乐教室效果图二

## 4.5.4　音乐教室

音乐教室打破常规教室讲桌座椅的局限，让孩子们回归原本，自由自在地在教室里互动和学习，更体现现代音乐教育的开放性、互动性和创造性。让音乐教室的每个空间都能给学生传达音乐信息，丰富学生的艺术细胞。如图 4-25～图 4-32 所示。

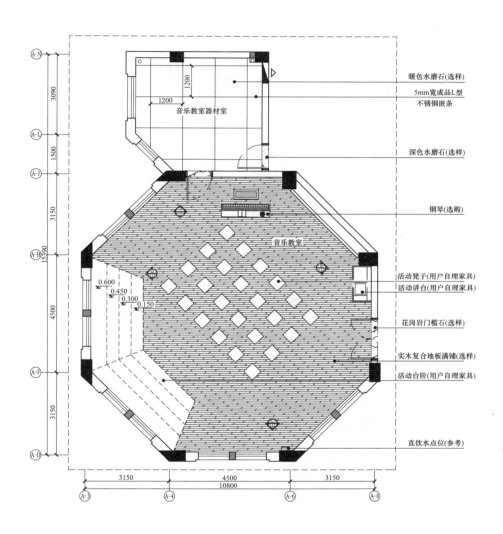

图 4-27　音乐教室平面图

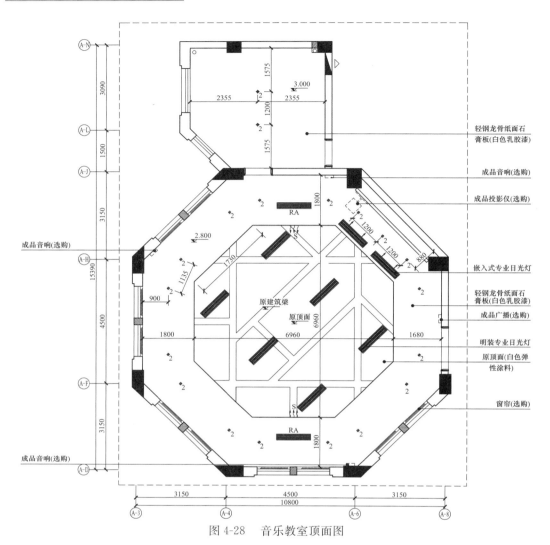

图 4-28　音乐教室顶面图

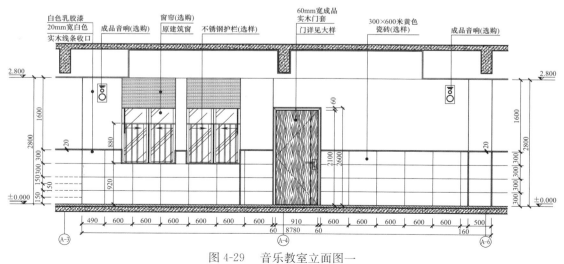

图 4-29　音乐教室立面图一

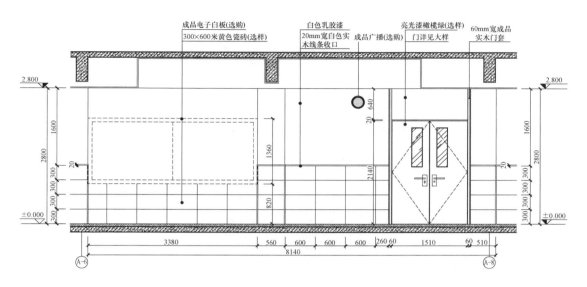

图 4-30 音乐教室立面图二

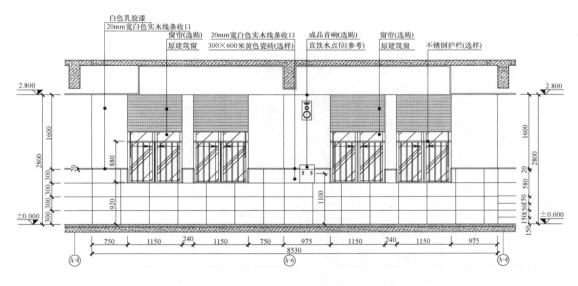

图 4-31 音乐教室立面图三

## 4.5.5 计算机教室

本案计算机教室布局紧凑合理，其地面采用防静电地板，具有防火、防潮、防尘、隔热、抗静电、抗腐蚀、易清洁、美观耐用等性能特点，并且材质轻盈、结构坚固、不易变形、拆装方便，便于管线的连接与维修，同时也起到了机房的装饰作用。如图 4-33～图 4-39 所示。

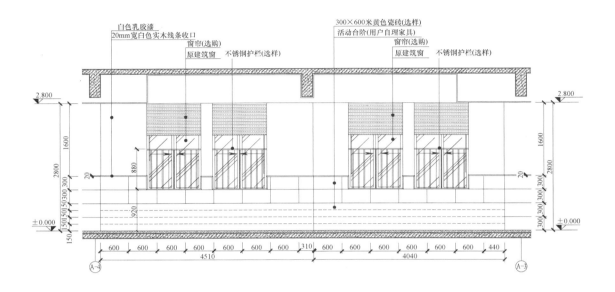

图 4-32  音乐教室立面图四

图 4-33  计算机教室效果图

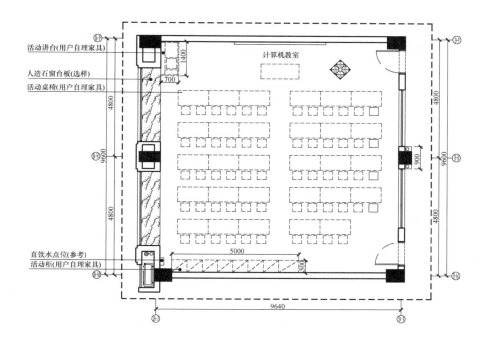

图 4-34 计算机教室平面图

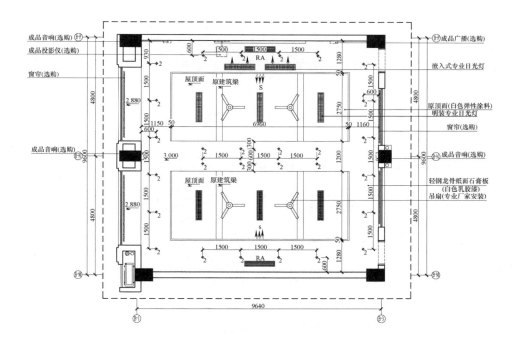

图 4-35 计算机教室顶面图

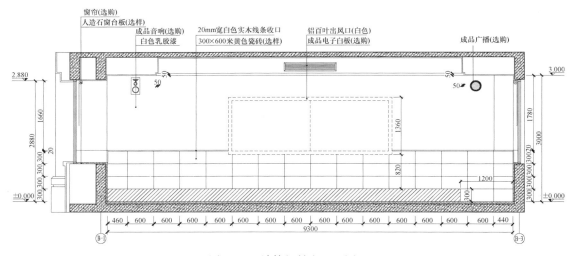

图 4-36 计算机教室立面图一

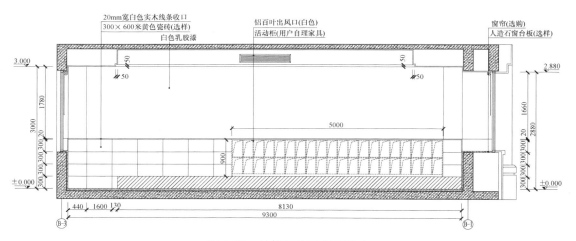

图 4-37 计算机教室立面图二

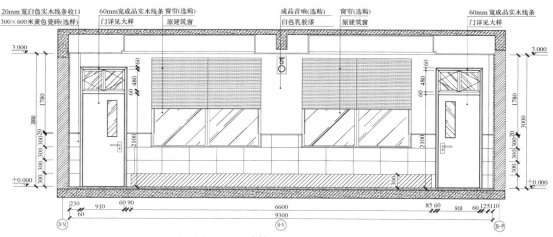

图 4-38 计算机教室立面图三

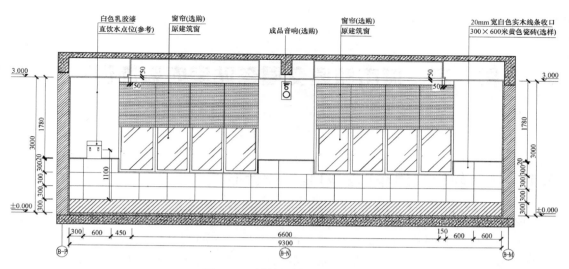

图 4-39　计算机教室立面图四

# 第5章　城市轨道交通车站室内装饰设计

## 5.1　城市轨道交通车站室内装饰设计概述

地铁车站的装修设计涉及的范围很广，一个优秀的地铁车站设计，能够反映出建筑艺术的新成就和对乘客的极大关怀。时至今日，人们越来越重视地铁车站的空间美感。地铁车站作为一个有大量人流集散的公共交通建筑，其室内装饰设计除了具有一定建筑艺术效果的室内空间环境，还应满足乘客在精神方面的需要，体现建筑对人的关怀。

### 5.1.1　城市轨道交通车站装饰主题思想的体现

装饰设计应不断创新，在地铁车站设计中，应力求把传统的建筑处理手法和现代技术、结构、材料结合起来，反映出时代特点。因此，城市轨道交通车站的装修风格应主要以人性化为主，总体特征是轻盈、华丽、精致、细腻。以简洁明快、安全耐用、朴实大方为装修风格特点，营造艺术美观的空间感受。装修风格简洁流畅，明快大方，体现其现代化与历史文化的融合。以乘客至上、安全健康、快乐出行为装修理念，强调"公众"服务意识。注重装修材料的安全性环保性，确保乘客的安全健康。且整体装修设计风格要统一，个性元素的组合变化要丰富，统一中求变化，突出站点间的识别性。以尊重自然、追求真实为主题基调，使人们在乘车时感到舒适、安逸。最后采用新型节能和经济实用的材料，即在做到经济性的同时，保证一定的耐用性。在造型、标志、色彩等方面形成独特的视觉效果，易于市民辨识和定位，与城市总体氛围、所在区域建筑风格相协调，地面附属设施设计为城市美化增光添彩。

### 5.1.2　地铁车站室内环境设计的宗旨

人们选择地铁出行是因为地铁的快速、便捷，体现在车站室内环境上就是要满足乘客方便、快捷地进站乘车，快速换乘和出站。地铁车站内部环境的总体规划设计就是要满足人们对于高效率的追求。人们进入地铁车站后，要保证其安全顺利地完成旅程，地铁运营部门要为地铁系统由于设计缺陷而造成的乘客伤害买单，所以在其选择了地铁出行的前提下，安全是第一要务。当满足了乘客的功能需求与安全性以后，舒适性是设计者要解决的又一难题。同时为了节约公共资源，减少地铁运营部门的经济投入，创造更大的经济效益，是设计的另一个目标。综上所述，创造一个高效、安全、舒适、经济的交通空间，是地铁车站室内环境设计的宗旨。

**1. 高效性**

地铁首先是为提供人们快速交通的工具，在地铁车站内能否高效的运行主要体现在以下四个方面：一是空间的组织是否明确；二是设施的合理规划布局；三是简明的标识系统；四是完善的无障碍设计。

**2. 安全性**

安全的交通环境的体现从室内环境方面讲主要是防止乘客一般个体损伤，如跌落、碰撞、擦伤、滑倒等，国内地铁也曾发生乘客跌落轨道的惨剧。材料的选用方面，地面材料主要是天然石材和瓷砖，处理不当易引起滑倒。对防火和安全疏散问题的重视还需加强，如设计上的改进、必要的公益广告宣传。地铁车站的环境总体上应是明快的，给乘客创造一种欢快令人愉悦的心情，消除人们心理产生的幽闭恐惧，也从一定程度上降低人为犯罪的可能性。安全性的设计还要考虑乘客的行为习惯，要从细微处着手，体现以人为本的理念。

**3. 舒适性**

对于使用者而言，对地下交通空间是否舒适不一定能很明确的表述，可能是一种综合感觉。而舒适性的体现表现在很多方面，如光照、声音环境、气候条件、材料、装饰等。舒适性的体现就是多种要素的综合结果，从主观感受上说，就是地铁车站能否使乘客感到心情轻松、愉悦。

**4. 经济性**

地铁车站的设计具有好的创意设计既可以节约经济，又能取得良好的视觉效果，这是地铁室内环境设计者需要解决的课题。除了减少投入，增加经济效益是设计者要为地铁运营公司考虑的，设置商业设施和广告是非常有效的手段，但是目前普遍的问题是地铁车站商业气息过于浓厚，设计者需要考虑在经济收益与舒适的空间环境之间找到合理的平衡点。

## 5.1.3 地铁车站空间的功能分配

**1. 平面分析**

车站公共区平面布置与其功能布局密不可分，而功能布局最重要的依据是客流的聚集、流向。分散的进站乘车客流从出入口开始通往车站的非付费区、付费区直至站台的楼梯、扶梯止，呈一种聚集的流动状。乘客到了站台层后均匀分布。出站客流与进站客流互逆。通过分析可得知，付费区通往站台的楼梯、扶梯及其周边部位是客流密度最大的区域，也是乘客视觉感受的重点区域。

**2. 竖向分析**

根据人的视觉习惯分析，距视点较近的墙面、柱面是视觉感受的重点区域，宜设置装修图案或者文字信息。而离视点较远的天花、地面视觉敏感度降低，且设备较多，因此宜以功能性布置为主。根据客流走向特点，在楼梯、扶梯区域的竖向空间也是视觉感受的重要区域。

**3. 空间功能分配**

根据以上分析，车站公共区的空间可以根据客流流经密度及视觉浏览密度进行分区。在楼梯、扶梯部位及其周边区域，我们称之为主服务空间，面积较小，但装饰性、功能性均要求高。而公共区其余区域则为次服务空间，面积较大，但除部分墙面外，装饰要求较弱，一般以功能性装饰为主。

### 5.1.4　地铁车站空间的效果控制

#### 1. 主服务空间的空间效果

主要服务空间以集中性的体、块设施为主，空间效果以表现个性特点为出发点，通过对装饰材质、色彩、形态组合的变化，设计出车站的特点。

#### 2. 次服务空间的空间效果

次服务空间在装饰方面采用规律性、统一性较强的手法。在色彩上运用全线统一的主色调，材料及组合形态以全线统一的模式进行控制。

## 5.2　城市轨道交通车站室内装饰设计的常见问题、原则及要点

### 5.2.1　城市轨道交通车站装饰设计的常见问题

地铁车站的设计大多坚持"功能完善、以人为本"的设计理念，所谓"以人为本"就是要尊重乘客的评价，对乘客关注度高的问题予以重点解决，如当前的地铁列车环境和地铁车站环境问题就是急需解决的问题之一，也是地铁装修工作的重点，需要认真对待。目前地铁车站装饰设计主要存在以下几个方面的问题：

（1）各设备终端设置不当，车站环境凌乱。

（2）设计存在缺陷，导致各种安全隐患。

（3）没有特色，尤其缺乏地方特色和艺术氛围。

（4）功能性缺失，如导向性内容不准确。

（5）主次不分，如广告过多，导向性欠缺。

（6）吊顶内设备终端不便于维修。

### 5.2.2　城市轨道交通车站室内装饰设计的原则

地铁车站的装饰应秉持着以人为本的原则，无论是装饰材料的运用还是装饰风格的选取及颜色的运用都应该注重安全、适用、经济、美观，并能充分体现方便、舒适、快捷的交通建筑特点，然后根据不同的站区的特色、历史背景等，分别采用不同的艺术构思手法，结合不同的装饰材料、色彩、质感等，使地铁的各车站具有各自的特色，整体又不失变化，庄重又不失活力。坚决恪守不搞多余的装修，更不搞豪华装修和选用高档装饰材料的原则。无论是轻轨还是地铁，都是以交通运输为主要目的，在保障人们安全出行的同时又给过往乘客以整洁、舒适的乘车环境。选用饰面材料不仅要考虑适当的外观和价格，也应考虑耐久性、抗破坏性能、耐火性能、易于冲洗、养护及修复和声学效果等。具有足够的照度，给乘客以明快、舒适的感觉。各种装修设计要有所不同，便于乘客识别，并应设置乘客向导设备（站名牌、指示牌等）和为乘客乘车服务的设施（座椅、时钟等）。选用高档奢华的装修材料不仅经济花销大，且人口流

动量大也会造成装修的磨损。但为了保证必要的运营功能和乘客的安全，将会对车站公共区和人行通道等与乘客直接接触的地面、墙面部分采用耐高温、耐磨、耐久、防滑、易清洁的装饰材料进行必要的装修，其他部位则视具体情况综合考虑装修处理的手法及选材。这样一来，不仅可以在经济花销上节约装修的开支，还能保证整个地铁车站室内的装饰质量，可谓省财省时又省心，乘客坐车舒心，社会经济发展也会得到有力的保障。

### 5.2.3 城市轨道交通车站室内环境设计的要点

#### 1. 运用色彩的美化

形、色、质这几种视觉元素中，色彩最易引起人们的注目，利用色彩进行空间处理亦是常用的手法，而且色彩是一种十分有效且经济的设计元素。车站内部的环境色彩力求明快、和谐，局部运用一些亮丽的色彩可以振奋精神，打破地下沉闷、昏暗的心理偏见。由于地铁车站处于地下，给人传统印象上的阴冷感，因此地铁车站室内色彩应选用暖色，如米黄色，避免多用灰色或蓝色。色彩的调和对比也很重要，只有调和没有对比会给人平淡而无生气，而过分强调对比，则会破坏色彩的统一，局部的鲜艳颜色能对空间起活泼作用。地铁车站采用大面积略经划线处理的混凝土墙面，十分朴素大方，然而通过在地面、墙面与座椅上进行的色彩处理，使整个车站活跃起来，充满了活泼动人的气氛，并且还具有一定的标识性。

车站公共区的最基本要求是保持客流畅通，无堵塞拥挤，需满足正常情况下客流的通行和紧急情况下的疏散。而在色彩中，冷色调会给人以距离、凉爽之感，不会引起客流的滞留，可促进乘客快进快出；而适当的暖色可给乘客带来一丝暖意，避免产生冷冰冰无人情味的印象，所以车站公共区应以冷色调为基础，辅以局部暖色。

设在站台层休息椅的色彩可配合本车站主色调或一条线主色调选用，其色调可鲜艳夺目，当配合每座车站主色调选用时，将会大大增强车站的识别性。

在一个城市的整个线网中，各线应有各自的色彩。每条线开行列车、站台上可开行方向的指示牌等的色带均采用同一标色，这样即增加各线的可识别性，又体现每条线的统一性。

#### 2. 空间形态设计

地铁车站内部的空间形体比较单一，特别是一般的标准车站，通长的空间内，列柱形成一定的节奏感，因此空间的变化更多依靠顶面的形体变化来达到目的，如在极其有限的单一空间内充分利用顶面设备布置剩余的空档来达到空间形体变化的目的，或者利用装饰材料的不同机理组合，显示其空间形态的变化。例如，国外有些车站，将站厅部分压缩得很小，客流从车站的两端下到站台层，从而使站台层的小间段处于一个高大的空间内，获得开敞舒展的极好视觉效果。

#### 3. 接口设计

技术接口协调及系统功能平衡是确保装饰设计质量的重点和难点。地铁车站内专业接口众多，如车站风水电、通信、信号、自动售票机、检票闸机、BAS、FAS、电扶梯、安全门、导向等，装修设计的一个重要环节是在遵循技术规范基础上，统筹各系统专业终端设备及各专业管路通道与公共区墙、顶、地、柱面装修的整体协调。装饰设计与设备专业接口是互动过程，根据设备布置确定墙面材料模数，为实现天花的虚实效果、局部抬高、单元模数而对通风口、FAS、广播、导向等设备布置提出调整要求；同时，也要配合设备专业要求调整装饰方案以满足功能。

**4. 后期维护的便利性**

地铁车站装修后期维护的便利性包括选材要易于购买补充、更换施工要考虑操作空间等。每一座兴建地铁的城市都不会只规划一条线路，每一条地铁线路的建设和运营并不是孤立的，它与未来的线路是同一系统的不同部分。车站在材料选用上要研究开发模块化、标准化，以便易于维修和更新。地铁车站的装修设计要实现考虑到装修过后的维护工作，最好选择易于购买的材料，这样，如果后期需要更换材料的地方，能够轻易得到，不至于因买不到而选择其他材料，与之前的装修形成明显的对比。另外，在装饰空间的布置上，要留有足够的修复空间，以便于后期对地铁站修护施工。

## 5.2.4　城市轨道交通车站室内装饰管理

城市轨道交通车站装饰设计管理要解决两个问题：一是设计的专业化问题，二是处理好车站公共空间内各种接口关系。对于专业正规的地铁装饰公司来说，在承包城市轨道交通车站的装饰业务时，一定要能事先做好对其装饰平面图的合理布局与规划设计。考虑到城市轨道交通车站在我们日常工作中的重要性，地铁车站的装饰设计与布局对于消防都会有相关的要求与规定，室内所有的喷淋口一定要露出吊顶一定尺寸，而且还要保持水平。由于轻轨及地铁车站是人流密集的所在之处，因此，在装饰设计时一定要处理好空间内的各种接口关系。设立方便快捷的逃生通道，设置明显易见的警示标牌，不阻拦楼梯口，不堵塞逃生通道。这样就可以保证发生事故时，大众群众能够在最短时间内逃离现场，保障人员生命安全。

# 5.3　城市轨道交通车站装饰材料的选择

地铁车站室内空间环境的整体形象，是材料、结构和空间共同体现的一种综合性艺术形象。应用富含地域文化特性的材料围合成的室内空间环境，具有满足使用功能和审美需求以及文化底蕴的三重功能，是室内艺术空间体现地域文化效果的重要因素，也是设计的又一切入点。

地铁车站装修材料的体现要源于光线，把自然光引入并延伸进入建筑的深处，通过光线的吸收和折射，形成美丽的视觉画面，使材料围合成了丰富的室内空间。

材料的选择要从多方面加以考虑，最后应综合各方面因素做出最合适的组合。

## 5.3.1　材料的经济性

在地铁车站装修设计时，设计者最直接的负责对象是投资者，离开了甲方的预算任意选择材料最终面临的必然是失败的命运。虽然材料的价格档次并不是最后装修效果的主要决定因素，但是材料的优劣必然会对美观性和耐久性有一定影响。材料的选择既要考虑到一次性投资的多少，也要考虑到日后的维修费用。

## 5.3.2 材料的质感

近年来，新建的地铁车站越来越注重材料质感的表达，结构和装饰之间都没有被隔离开。一切美都是自然的一种流露，建筑材料如混凝土、钢材、玻璃都按原样将它们的本质特性展现出来。纹理各异的石材，体现了华丽与凝重；淡灰色的混凝土，体现了朴实与沉稳；白色的钢结构充分体现了时尚与现代建筑的技术美；透明的玻璃彻底改变了封闭空间的内向特色。地铁车站设计中，多种材料的混合搭配，玻璃与石材，钢材与混凝土，明显的体块虚实搭配，使复杂的地铁车站内部的方向感非常明确。在近年建成的地铁车站，很少用昂贵的大理石或花岗石做饰面材料，而是通过使用一些新型建筑材料，如铝合金和不锈钢制品，经过多种手法的细致处理，表现出现代的建筑艺术风格。

## 5.3.3 具体部位的材料选择

**1. 地面**

地面装修应采用耐磨、防滑、易清洁材料，站厅、站台层公共区一般采用石材地面，如西安地铁 2 号线和杭州地铁 1 号线采用芝麻系列花岗石。

**2. 墙面**

车站内墙面常用的有釉面砖、人造大理石、烤瓷铝板、微晶玻璃板、硅钙涂装板、氟维特板、水泥压力板（NAFC 板）、陶瓷锦砖、质量上等的美术型水磨石，还包括西安地铁 2 号线采用的无机预涂板，杭州地铁 1 号线采用的搪瓷钢板等。

**3. 柱面**

柱的装饰面积较地坪、墙面少得多，故所用材料的档次可提高一些，常用的有人造大理石、花岗石、铝合金复合板、陶瓷锦砖、彩钢板、玻璃砖等。也可采用与地面相同的材料进行柱面装饰，如西安地铁 2 号线部分车站遍采用与地面材料相同的芝麻白花岗石作为柱面装饰。

**4. 吊顶**

地铁车站的吊顶设计应满足质轻、牢固、防火、防潮、防腐蚀、美观、易于安装，以及便于吊顶内部设备的维护、检修等要求。

铝合金板有耐高温、防潮、防尘、抗腐蚀、自身重量轻、结构牢固、易拆装、抗冲击力强、不易磨损、吸声隔声、不受正负压影响、有利于通风口或其他设备散热等特性，作为大部分地区公共区吊顶的主选材料。其形式有单片、井式、U 形片、条板、方板、弧形板及其冲孔铝合金板，金属网架等。

## 5.4 城市轨道交通车站室内装饰的细节设计

## 5.4.1 城市轨道交通车站的艺术照明设计

不仅装修材料要选择环保性质的，轻轨及地铁车站的室内照明设计也应该实现"绿色照明"。地铁站房中光环境的设计首先要保证行人在空间中行为的安全，其次动力设备照明方式应以放射式为主，这样才能形成优美的光环境，创造环境气氛。艺术照明不可以使地铁室内的环境亮度过高，应该与整个地铁环境相协调，否则会让空间产生眩光现象，造成炫目，降低人眼观察空间事物的清晰度，影响人的乘车心理，变得不安分、焦灼躁动，严重的眩光甚至会伤害到人的视力。因此，轻轨及地铁车站的室内艺术照明设计在满足各种功能性要求的同时，各项标准还应符合国家、行业标准，因此相关人员还要将对照度、均匀度、显色性等标准值重点加以控制和考核。使之效果舒适、美观，符合交通建筑特征，与车站环境、建筑风格、当地历史文化相适应。

## 5.4.2　城市轨道交通车站的墙面装饰设计

车站公共区墙面材料一般采用搪瓷钢板或烤瓷铝板为主材。在设计墙面时，还需要考虑消火栓门、配电箱门等，同时还要考虑广告灯箱的位置。墙面设计的接口比较多，收口也较多，例如在设计中需考虑扶梯下的设备房，存在扶梯与墙面的接口等问题。

## 5.4.3　城市轨道交通车站的地面装饰设计

随着我国城市建设的快速发展，轻轨及地铁车站在进行室内装修时还需要进行大量的地面铺设工程，以起到便利行人和美化、净化环境的作用。因此在装修设计时可以在材料上采用光滑的大理石、瓷砖、金属材料铺设地面和阶梯，在地面安装嵌入地面式的投射灯等。还应考虑雨雪天十分容易发生行人滑跌等情况，需采取措施加以改变。而对于地铁出入口的地面建筑设计则应该具有鲜明的个性和可识别性，在简单的形体内合理的安排设备管理用房及组织人流，通过简洁、新颖，甚至是符号化的设计语言去表达景观主题，打造视觉焦点，展示城市文明，传播城市文化。

## 5.4.4　城市轨道交通车站设备区的设计

设备区是指为了整条线的运营而必须配备的设备管理用房，主要分为几个模块考虑。管理用房模块包括会议室、更衣室等，这些都是地铁工作人员经常出入和办公的地方，因而在材料选择方面，铺地采用耐磨砖，顶棚采用铝合金吊顶居多；通信信号弱电房间模块各设备的连接管线较多，同时还需考虑到防潮和方便管线在架空地板下敷设等原因，地面多采用架空地板，顶棚采用铝合金吊顶；供电放模块地面则建议采用水泥砂浆，顶面不做处理，直接外露管线以方便检修。

## 5.4.5　城市轨道交通车站室内路引、导向、标识、广告

**1. 地铁标志**

地铁标志是代表一个城市地铁含义的形象符号，往往需要通过征集并向市民公示后采用。地铁标志应便于识别且具有个性，能引导乘客进入车站。地铁标记往往设置在出入口、道路指示标识等明显部位，一般配有灯光，便于夜间识别。

**2. 指示标志**

指示标志是表示地铁在某处的职能或某场所用途，一些能供乘客使用或与乘客联系密切的场所，如售票处、检票口、补票处、问讯处、站长室、站铭牌、公共厕所、无障碍电

梯等等，此种标志应全线统一，且与国际标准、国内标准尽量统一。

**3. 导向标志**

导向标志其作用是引导指示乘客行进方向。导向标志极为重要，一般设在通道内的交叉口、转弯处及不易判明走向的地方，此种标志应全线统一，同时配有英文。目前国内的导向标识基本以矩形牌为其主要形式，有些城市的导向标志也进行了一些细节设计，将导向标志做的新颖、独特。

**4. 疏散导向标志**

疏散导向标志是当地铁发生事故时，引导乘客迅速、安全疏散必须设置的标志，所以其规格尺寸、图文、形式、安装位置、高度、用色、供电需求等均应符合国家有关规定。一般距地面不超过 1m 或在地面处设置，其间距一般不大于 15m，如区间设有应急通道则每隔 20m 设一处。同时疏散导向标志还应采用荧光材料，当无光源时可自行发光，引导乘客疏散。

**5. 广告灯箱**

广告灯箱是给地铁运营单位带来经济效益的一种重要手段，已成为各城市不可缺少的设置。现今的地铁设计中，广告灯箱的尺寸已基本模数化，由于新建地铁车站墙面采用干挂形式，广告灯箱可内嵌于车站装饰层中，不会对乘客通行产生影响。同时也应注意广告灯箱的位置不能阻挡、影响车站指示、导向等标志功能使用，广告的用色不能对地铁信号功能产生任何影响，广告灯箱不可采用易燃材料制作。

# 5.5 城市轨道交通车站装饰设计案例

地铁车站设计遵循简约，注重整体，突出人性化，设计强调与城市整体规划相符合，尊重城市历史和城市文化，在满足地铁功能性的同时，把握好"空间、功能、文化"三者之间的关系，体现出符合城市的独特气质。车站主题的特征应表述简约、精炼，注重整体空间效果，充分利用材料、色彩、照明等元素来呈现车站室内空间的最终视觉效果。空间设计注重建筑和装修构建尺度的把握，满足地铁车站空间承载大量人流的使用特点。

本案某城市地铁结合了当地的文化特色和地域环境特点，以"一线一主题"、"一站一故事"的目标，对车站站内空间进行了艺术设计。地铁公共艺术专家委员会根据该城市的历史文化、风土人情、城市特色，结合地铁空间的特点，提出各条地铁线的艺术创意主题和方向规划，进而在车站装修中融入这些文化元素，从而提升了该地铁乃至整个城市的文化水平。

## 5.5.1 A 站

A 车站位于该城市某区一广场南侧的京口路下，是与 2 号线的换乘车站。本站为明挖地下两层岛式车站。A 站所在位置是该城市传统商业区，因此在设计过程中，充分考虑周边环境的特点，在车站的设计中，采用中西建筑符号元素，吊顶采用虚实结合的处理方法，使整个空间简洁明快，更具有时代气息。如图 5-1～图 5-12 所示。

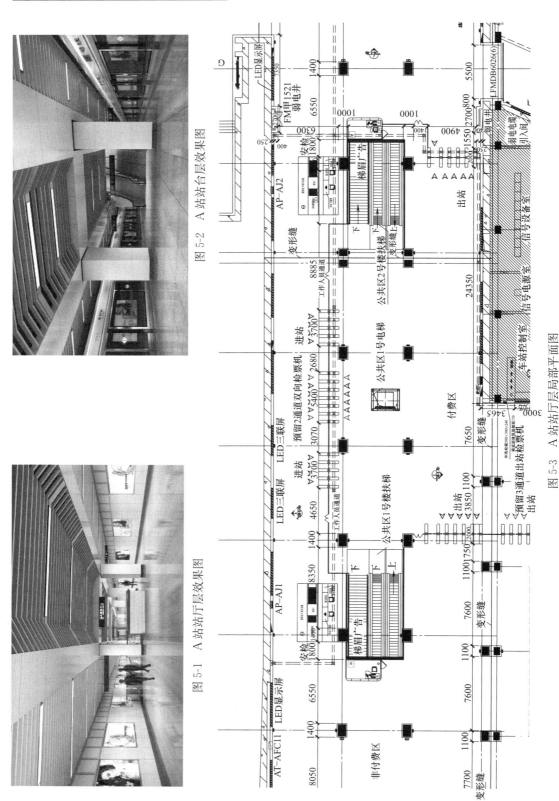

图 5-1　A 站站厅层效果图

图 5-2　A 站站台层效果图

图 5-3　A 站站厅层局部平面图

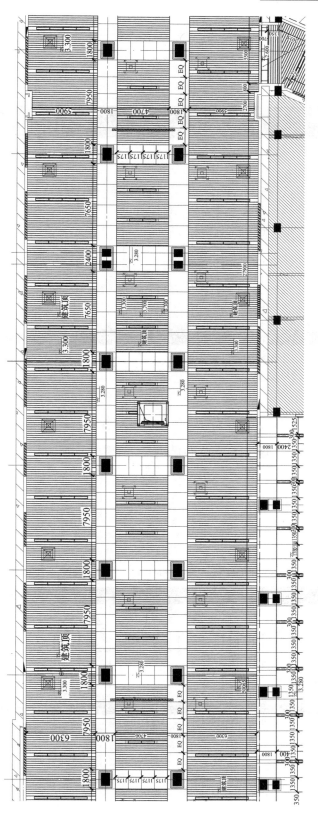

图 5-4 A 站站厅层局部顶面图

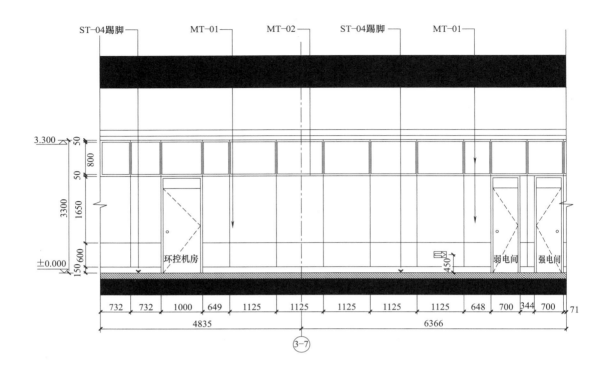

图 5-5　A 站站厅层局部立面图

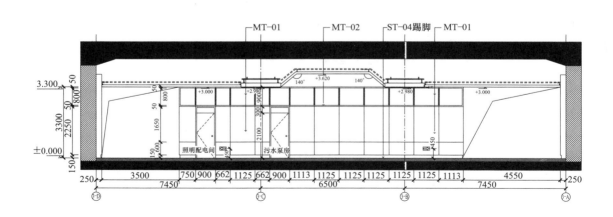

图 5-6　A 站站厅层局部立面图

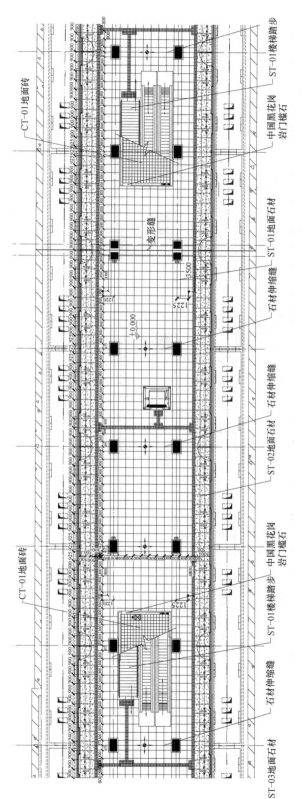

图 5-7　A 站站台层局部平面图

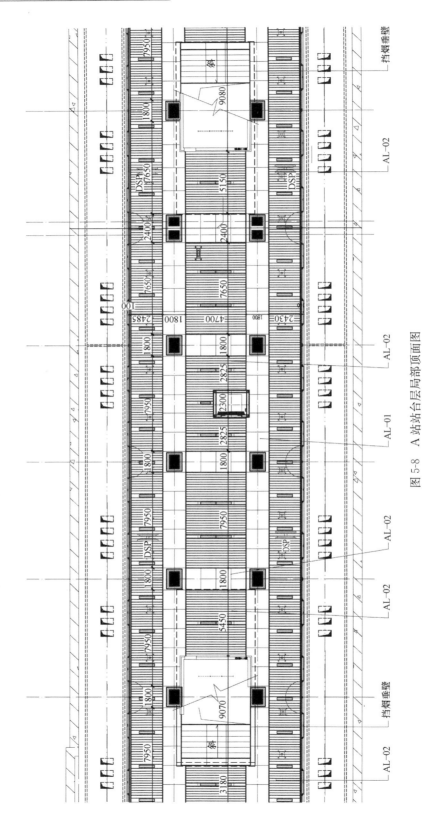

图5-8　A站站台层局部顶面图

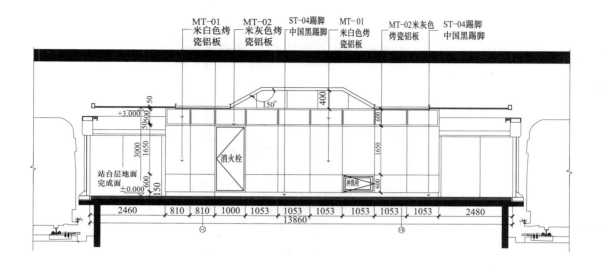

图 5-9　A站站台层局部立面图一

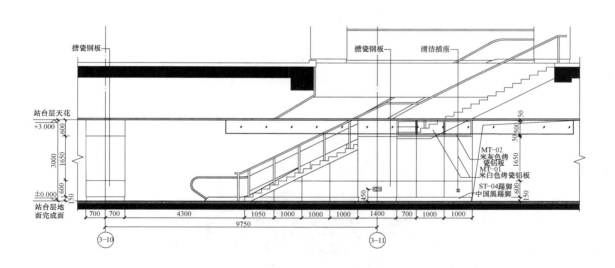

图 5-10　A站站台层局部立面图二

## 5.5.2　B站

B站为地下三层岛式车站。设计上以欧式元素为主，整个站厅采用欧式拱顶造型，利用灯光效果勾勒出梁柱的效果，简洁大气，石材的柱子更体现欧式风格。如图 5-13～图 5-25 所示。

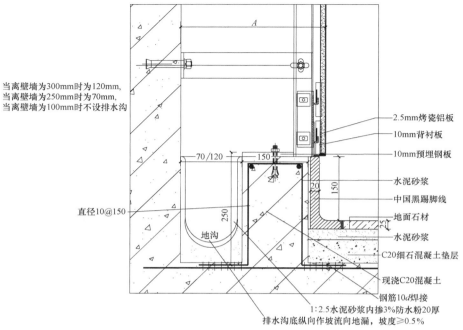

当离壁墙为300mm时为120mm,
当离壁墙为250mm时为70mm,
当离壁墙为100mm时不设排水沟

70/120 150

直径10@150

250

地沟

2.5mm烤瓷铝板
10mm背衬板
10mm预埋钢板
水泥砂浆
中国黑踢脚线
地面石材
水泥砂浆
C20细石混凝土垫层
现浇C20混凝土
钢筋10d焊接
1:2.5水泥砂浆内掺3%防水粉20厚
排水沟底纵向作坡流向地漏,坡度≥0.5%

图 5-11　A 站节点图一

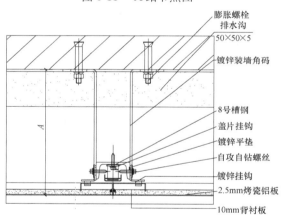

膨胀螺栓
排水沟
50×50×5
镀锌装墙角码
8号槽钢
盖片挂钩
镀锌平垫
自攻自钻螺丝
镀锌挂钩
2.5mm烤瓷铝板
10mm背衬板

图 5-12　A 站节点图二

图 5-13　B 站站厅层效果图

图 5-14 B站站台层效果图

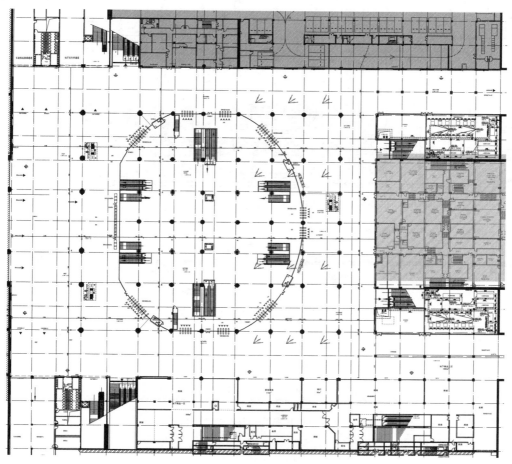

图 5-15 B站站厅层局部平面图

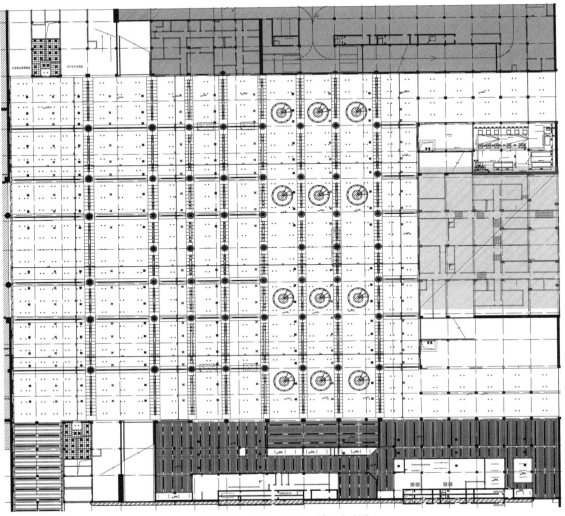

图 5-16　B 站站厅层局部顶面图

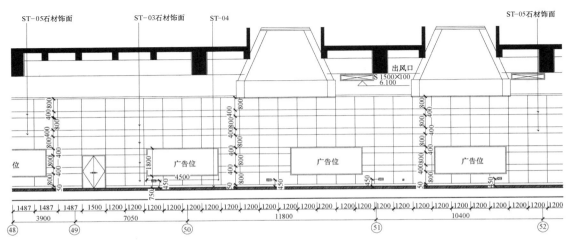

图 5-17　B 站站厅层局立面图一

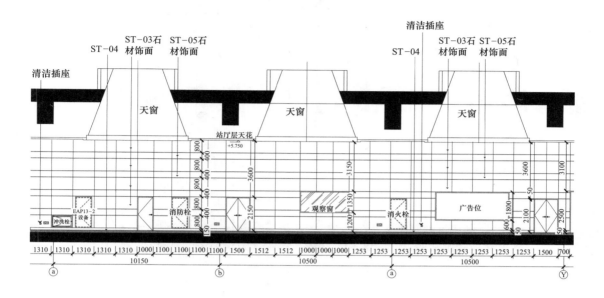

图 5-18　B 站站厅层局部立面图二

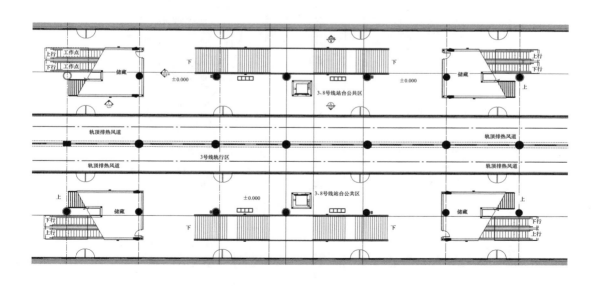

图 5-19　B 站站台层局部平面图

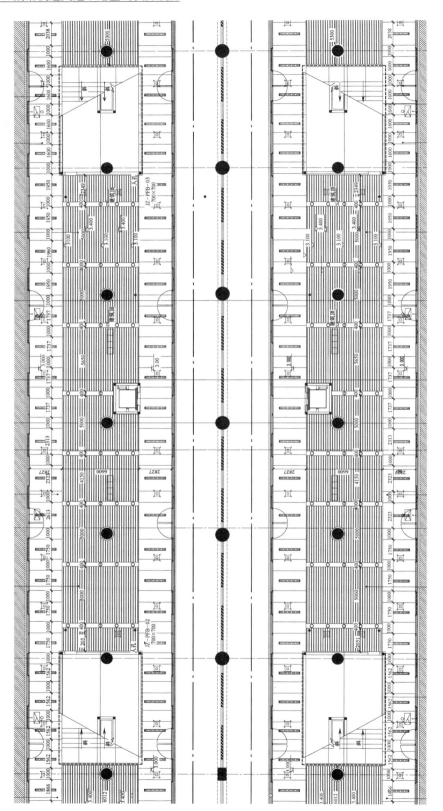

图 5-20　B站站台层局部顶面图

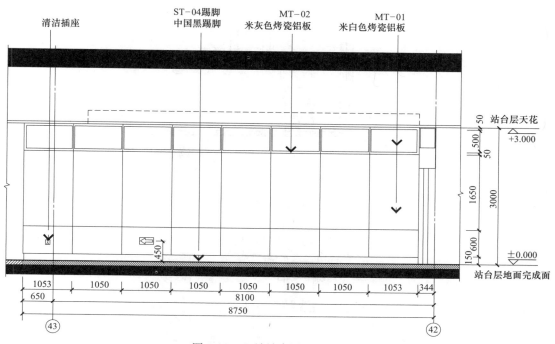

图 5-21 B 站站台层局立面图一

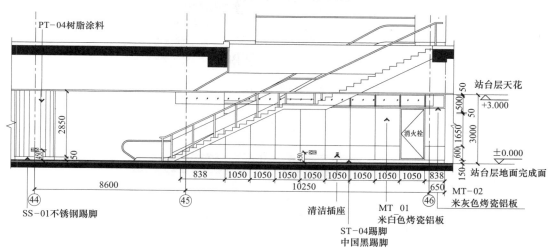

图 5-22 B 站站台层局立面图二

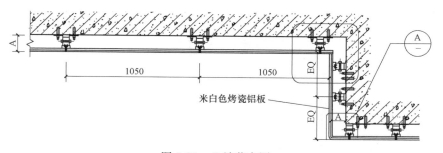

图 5-23 B 站节点图一

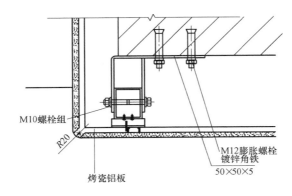

图 5-24　B 站节点图二

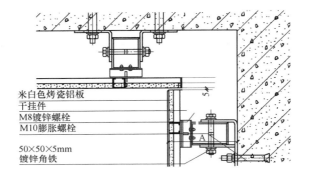

图 5-25　B 站节点图三

# 第6章 办公商务空间室内装饰设计

## 6.1 办公商务空间装饰设计概述

办公商务空间是一种开放与封闭空间并存的人类工作空间形态，应备一定的开放式人际交流场所的条件。因此办公商务空间设计不仅包含了艺术装饰元素的运用，更多是对空间的各个方面的整体设计。办公室是企业管理人员、行政人员、技术人员主要的工作场所，办公室的环境如何、布置得怎样，对其中的工作人员从生理到心理都有一定的影响，并在某种程度上直接影响企业管理的效果及工作效率。

### 6.1.1 办公商务空间的主要功能分析

通常，办公商务空间设计按照职能可以划分为主体业务空间、公共活动空间、配套服务空间以及附属设备空间等。各种职能部门由于其作用的大小在办公空间所占的比重各有不同，同时，各种功能作用的空间在安全、使用方面也有一定的科学范围要求。因此，合理地协调各个部门、各种职能的空间分配成为进行办公商务空间设计的主要内容。

**1. 主体工作空间**

主体工作空间可按照人员的职位等级划分为大小独立单间、公用开放式办公室等不同面积和私密状况的分割状态。单间办公室或者是在开放式区域较为独立、封闭的工作空间，一般适合部门主管或者会计师、律师等处理较为机密性文件的人员，因为工作的互动较少，其办公室空间设计应注重使用者的个人需求。

开放式办公空间则是在同一空间之内利用家具将工作的单元空间进行集合化排列，比较适合用于银行、行政等较为注重流水性或重复性事务处理的部门，同时也可用于设计、研发等互动性较强的团队型工作机构。开放式环境有利于员工之间保持良好的沟通、交流状态，但由于每个人的工作都处于公众视线之内，工作的自律性较小，也会降低个人的能动性和积极性的发挥，所以，开放式办公室设计空间中家具、间隔的布置，既需要考虑个人的私密性和领域要求，又要注意人员之间交往的合理距离。

各个业务职能部门由于工作性质、人员组成各有不同，对于部门总体的空间尺度安排也有所差异。而且，在同一部门中，工作人员的专业设备、文件储存以及来访客人的数量、级别也不尽相同。因此，主体办公室设计空间划分的单元数量、尺寸均要根据各部门机构的个性工作需求而定，以便于员工发挥其个体能动性，同时也方便团队工作的互相配合、协调。

一般而言，办公状态下普通级别的文案处理人员的标准人均使用面积为 $3.5m^2$，高级行政主管的标准使用面积至少 $6.5m^2$，专业设计绘图人员则需要 $5.0m^2$。

**2. 公共使用空间**

公共使用空间是指用于办公楼内聚会、接待、会议等活动需求的空间。一般有小、中、大接待室，小、中、大会议室，各类大小不同的展示厅、资料阅览室、多功能厅和报告厅等。

在任何办公室设计环境中，公共空间均是人们正常活动、交流、沟通的必备场所。从广义上讲，几个人身体所占范围之外的所有环境空间均可称为机构的公共空间。若仅主体工作空间相对而言，办公环境下的公共空间则指在从工作角度所触及的所有人员可共同使用的空间，包括对外交流以及内部人员使用两大部分：对外交流的空间是指机构的外来人员所接触的空间范围，包括前台接待、电梯间、会客室以及能够展现机构专业性质、服务范围和企业文化的展示区域等；机构内部人员使用的公共空间则包括内部走廊、会议、资料阅览、复印等不同服务功能的实用区域。

办公室机构的对外交流空间是一处办事机构的"门面"，是使外部人员了解其业务范围和能力的最直接的媒介，很多外来人员是通过与"门面"环境以及办事人员的接触而对其留有最初级的印象。前台接待处作为内、外部人员进出机构的必经之地，它不仅是整体办公室设计空间的交通枢纽，也是内外联络的集散之地——咨询、收发、监管等均为前台的服务内容。不同机构会就其空间的大小进行会客、会议、展示等区域的分配，但总体而言，这些区域通常会设置于前台接待区附近，便于接待人员随时进行内外联络，以便于提供咨询与服务。有些机构则利用简单必要的家具组合形成综合性外部服务区域，将接待、会客、展示等各种对外功能集中于一体，既节省空间，又节约服务的人力。

会议空间是现代办公室设计空间必不可少的公共功能之一，是机构谈判、决策、交流的正式中心。会议空间可按照使用对象分布在对外、对内、高层、部门内部等不同空间位置，也可按照使用人数分为大、小等不同尺寸，还可按照机密程度设计成封闭式或开放式等不同的空间形态。不同的使用方式和功能形态的会议空间，其设施配备与安排位置均有差异。用于商业谈判的会议室通常宽敞气派，且规整严肃，座位间距安排较远；机构内部讨论室会议空间则温馨随意，座位间距较近。无论大小、使用对象、功能状态如何，常规以会议桌为核心的会议室人均额定面积为 $0.8m^2$，无会议桌或者课堂式座位排列的会议空间中人均所占面积为 $1.8m^2$，这样才可保持在办公室设计环境中个人心理和生理领域的不受侵害。

机构内部人员使用的公共空间主要包括为工作提供方便和服务的辅助性功能空间，不同性质、规模的机构所需的辅助功能空间也不同。纯创意性或知识密集型机构，如法律、设计事务所等，资料储存和阅览空间为必备区域，但普通行政事务机构却不一定设置此功能空间；某些机构会设立专门的复印、打印机房，有些机构则随工作需要将机器安置于各个部门的公共区域。因此，内部使用的公共空间是因需而设，其位置亦是视需而定，空间尺度范围只要符合人体工程学，使人能够自如活动即可。

**3. 配套服务空间**

配套服务空间是指为主要办公空间提供信息、资料的收集、整理存放需求的空间，为员工提供生活、卫生服务和后勤管理的空间。通常有资料室、档案室、文印室、电脑机房、晒图房、员工餐厅、开水间以及卫生间、后勤、管理办公室等。

为保证工作人员正常工作的顺利进行，一般型综合性办公机构内部会配备安全、信息提供、设施与设备，如电话交换机、变配电箱、空调等。根据设备的大小规模、功能及其服务区域，附属设备用房的尺度、安置位置均会有所不同。通常，大型或危险系数较高的附属设备会远离公共办公区域，小型的设备则可就近安排在负责保管维修部门之中。例如，在大型办公建筑中通常会有独立而统一的变配电用房；而在小型的办公机构中，配电箱常常安装在接待台或员工休息室的橱柜之中。

总体来讲，办公机构的功能分配是为了满足人们在工作时间内的各种需求，从而创造一个更有效率的工作环境。为此，各个办公机构的功能空间的布局会因机构的业务性质、人员数量而有所不同，有些机构会按照接待、会客、会议、业务工作、茶水、休息、卫生间等前后顺序来进行整体空间的安排，将主体工作部门安置在办公室设计空间中心，服务性公共空间安排在角落或后面，这种空间的安排方式使空间整体顺序由对外开放性逐渐转化为内部私密性，越深入空间内部，私密性越强；而有些办公机构则会将复印、茶水、休息、卫生间等后勤服务性空间安排在中心位置，展示、会议室以及各部门工作空间均围绕此中心呈放射状或两侧分布，以便各个职能部门的工作不受外部环境的干扰，并且能够享受均等的后勤服务距离。

## 6.1.2　办公商务空间的分类

以办公空间的布局形式分类，主要有以下几类：

**1. 单间式的办公空间**

单间式的办公室设计空间是以部门或工作性质为单位，分别安排在不同大小和形状的房间之中。政府机构的办公空间多为单间式布局。单间式的优点是各个空间独立，相互干扰较小，灯光、空调等系统可独立控制，在某些情况下（如人员出差、作息时间差异等）可节约能源。单间式办公室还可以根据需要使用不同的间隔材料，分为全封闭式、透明式和半透明式。封闭式的单间办公室具有较高的保密性；透明式的办公空间则除了采光较好外，还便于领导和各部门之间相互监督及协作，透明式的间隔可通过加窗帘等方式改为封闭式。单间式办公空间的缺点是在工作人员较多和分隔较多的时候，会占用较大的空间，且需现场装修，不易拆卸和搬运。

**2. 单元型的办公空间**

单元型办公室设计在办公楼中，除晒图、文印、资料展示等服务用房为大家共同使用之外，其他的空间具有相对独立的办公功能。通常其内部空间可以分隔为接待会客、办公（包括高级管理人员的办公）等空间，根据功能需要和建筑设施的情况，单元型办公空间里还可设置会议、盥洗等用房。

**3. 公寓型的办公空间**

以公寓型办公室设计空间为主体组合的办公楼，也称办公公寓楼或商住楼。公寓型办公空间的主要特点是，除了可以办公外，还具有类似住宅的盥洗、就寝、用餐等功能。公寓型办公空间提供白天办公和用餐，晚上住宿就寝的双重功能，给需要为办公人员提供居住功能的单位或企业带来了方便。

**4. 开敞式办公空间**

开敞式办公室设计空间是将若干个部门置于一个大空间中，而每个工作台通常又用矮挡板分隔，既便于大家联系又可以相互监督。这种办公空间由于工作台集中，省去了不少隔墙和通道的位置，节省了空间；同时办公室装修、照明、空调、信息线路等设施容易安装，费用相应有所降低。开敞式办公空间常选用组合式家具，这类家具由工厂大批量生产。各种辅助用具（如文件架、插信架等）也可一同生产。现场安装过程中各种连接线路（如供电线路、联网布线）暗藏于家具或隔板中。开敞式办公空间家具的使用、安装和拆搬都较为方便，且随着生产效率的提高和批量化生产的快速发展，这类家具必然会越来越规范化，也一定会更加便宜。开敞式办公室设计空间的缺点是岗位之间干扰大，风格变化小，且只有部门人员同时办公时，空调和照明才能充分发挥作用，否则浪费较大，因而这种形式多用于大银行和证券交易所等有许多人在一起工作的大型办公空间的布局。在开敞式办公室设计空间，常采用不透明或半透明轻质隔断材料隔出高层领导的办公室、接待室、会议室等，使其在保证一定私密性的同时，又与大空间保持联系。

**5. 景观办公空间**

现代的办公室设计空间更注重人性化设计，倡导环保设计观，这就是所谓的"景观办公空间"模式。从1960年德国一家出版公司创建"景观办公空间"以来，这种办公室设计空间形式在国外非常受推崇。如今，高层办公楼的不断涌现，对大空间景观办公室的发展起到了很大的推动作用。特别是在全空调、大进深的办公楼里，为减小环境对人们的心理和生理上造成的不良影响，减轻视觉疲劳，造就一个生机益然、心情舒畅的工作环境尤为重要。"景观办公空间"的特点是：在空间布局上创造出一种非理性的、自然而然的、具有宽容、自在心态的空间形式，即"人性化"的空间环境。这种方式通常采用不规则的桌子摆放方式，室内色彩以和谐、淡雅为主，并用盆栽植物、高度较矮的屏风、橱柜等进行空间分隔。生态意识应贯穿景观办公室设计的始终，无论是办公空间外观的设计、内部空间的设计还是整体设计，都应注重人与自然的完美结合，力求在办公空间区域内营造出类似户外的生态环境，使办公者享受到充足的阳光，呼吸到新鲜的空气，观赏到迷人的景色。在自然、环保的空间中办公，每个人都能以愉悦的心情、旺盛的精力投入到工作中去。

# 6.2　办公商务空间装饰设计的基本原理和要素

空间是一种物质存在的方式。人类在一个特定的环境空间内进行着各类活动，产生了各类空间概念。商业办公空间是具有明确功能要求的室内空间。办公商务空间设计是面对人类商业活动需要界定的环境空间设计。

## 6.2.1　办公商务空间设计的基本原理

办公商务空间设计是一个复杂的设计过程。随着社会、经济、科技的快速发展，为不断满足办公商务空间的有效利用性和功能的实效性，办公商务空间的设计规划存在着一般的规律。

**1. 空间优化原则**

空间设计是对整个空间环境的规划、界定、包装的过程。办公商务空间设计是在原建筑设计的基础上进行再设计，是在各方面的因素（商业活动的资金投入、商圈的界定、不定因素的存在等）影响下，对所要利用的原建筑空间不能符合办公商务空间的功能要求和美学标准等问题的分析和解决，最大化地利用原空间存在的优势，优化解决原空间的弊端，实现空间优化。

**2. 功能强化原则**

满足办公商务工作形式的功能需要是办公商务空间设计的主要任务，也是办公空间划分布局的依据。

一般办公商务空间功能的实现表现在以下几个方面：

（1）使用功能：办公商务空间首先满足的是商业活动工作的需要。材料的存放需要资料室，文件的收发需要收发室，客户接待需要接待室，另外还有会议室（大会议室、小会议室、开放交流空间）、展示室等。其次是生活功能的需要。随着居住区和商业区的不断分离，一般商业办公空间的规划也需要考虑到基本生活空间的规划。再次是休息功能的需要，往往把接待空间和休息空间合而为一，当然有独立的休息空间更佳。

（2）审美功能：办公商务空间除了满足使用功能外，对于企业形象物化功能，人性心理美化功能同样具有很强的必要性。

（3）安全功能：这是一切功能实现的开始，也是所有功能目标实现的保证。在办公空间设计中对于人员密集的过道、楼梯、电梯、各种扶手、围杆，包括基础设施的水、电等，不仅追求视觉审美要求，更应强调安全性，都应参考具体标准实施。

**3. 人性美化原则**

有设计师曾这样说："空间原是由一个物体同感知它的人之间产生的相互关系所形成的。"而空间设计就是依照人类自己的要求对客观存在的一种利用和再创造。人的本位性有突出地位，以人为本在使用性较强的办公商务空间设计中是同样需要遵循的原则。

**4. 环境净化原则**

合法劳动者接近三分之一的时间处于工作状态，办公商务空间的环境净化程度直接影响到工作者的工作效率。办公空间设计材料的环保性关系人的生理健康，而办公空间的绿化程度涉及人的心理健康。

## 6.2.2 办公商务空间设计的基本要素

**1. 办公室装饰秩序感**

在设计中的秩序，是指形的反复、形的节奏、形的完整和形的简洁。办公室设计也正是运用这一基本理论来创造一种安静、平和与整洁的环境。秩序感是办公室设计的一个基本要素。

要达到办公室设计中秩序的目的，所涉及的面也很广，如家具样式与色彩的统一、平面布置的规整性、隔断高低尺寸与色彩材料的统一、顶棚的平整性与墙面不带花哨的装饰、合理的室内色调及人流的导向等。在办公室的装饰中，这些都与秩序密切相关，可以说秩序在办公室设计中起着最为关键性的作用。

**2. 办公室装饰明快感**

让办公室给人一种明快感也是设计的基本要求，办公环境明快是指办公环境的色调干净明亮，灯光布置合理，有充足的光线等，这也是办公室的功能要求所决定的。办公室明快的色调可给人一种愉快心情，给人一种洁净之感，同时明快的色调也可在白天增加室内的采光度。

目前，有许多设计师将明度较高的绿色引入办公室，这类设计往往给人一种良好的视觉效果，从而创造一种春意，这也是一种明快感在室内的创意手段。

**3. 办公室装饰现代感**

目前，在我国许多企业的办公室，为了便于思想交流，办公室装修加强民主管理，往往采用共享空间——开敞式设计，这种设计已成为现代新型办公室的特征，它形成了现代办公室新空间的概念。

现代办公室设计还注重于办公环境的研究，将自然环境引入室内，绿化室内外的环境，给办公环境带来一派生机，这也是现代办公室的另一特征。

现代人机学的出现，使办公设备在适合人机学的要求下日益增多与完善，办公的科学化、自动化给人类工作带来了极大方便。我们在设计中充分地利用人机学的知识，办公室装饰按特定的功能与尺寸要求来进行设计，这些是设计的基本要素。

**4. 空间的秩序营造**

人在一定的环境中会有一定的心理感受和反应，办公空间设计的过程中就要围绕着这种心理来合理安排。人都有一定的空间需求，即需要占有一定的空间来维系自己的安全感，不想让别人打破这种隐私空间。同时，又需要一定开放的空间，"环境心理学家认为，人们希望从禁锢中解放出来，假如在一个空间中从一个区域往外看的时候能觉察到其他人的活动，将给人精神上的自由感。"所以办公空间在做区隔的时候，应当充分考虑这种封闭与开放的辩证关系，这样才能设计出让人有舒适感的空间效果。在分配空间时要给每位员工安排一个小的空间，作为依托给予他安全感。但是这个小空间又不能完全封闭，它在视野上应当是开阔的，让员工还可以自由与他人连通，因此可以多采用一些小的辅助手段来帮助分割空间，但是不能封死空间。比如隔扇、矮墙、镂空等手段可以让空间有所隔离，又适度地保持了连通性，也可以采用灯具、陈设、绿化等小的细节来更加巧妙地作以区隔。整体上的空间又越宽敞越好，可以采用玻璃、镜面等来延伸空间。

**5. 色彩的协调搭配**

色彩也能对人的心情造成影响，如红色、黄色等暖色调，和阳光、火焰的颜色类似，让人产生喜悦、积极、兴奋等的情绪，并且感觉到温暖；蓝色、紫色等冷色调，和大海、天空等广阔的空间有关，让人产生神秘、忧郁等的心情，并感觉到寒冷。同时，明度高的色彩让人有前进的视觉效果，明度低的色彩让人有后退的感觉。办公空间的设计过程中应当对这些色彩加以合理利用。在人们的一般习惯中，办公空间往往在色彩的使用上比较保守，给人印象最多的就是黑白灰的常用色系，这几种颜色很容易和其他任一种颜色搭配，本身不具有太多情绪，因而让人感觉到严谨，符合工作空间色彩设计的陪衬属性。然而久而久之，这种搭配也让人产生厌倦感，有种提不起精神的感觉。因此办公设计可以适当引入色彩的搭配，基本的原则就是保持整体的和谐一致，在门框、桌椅、陈设、地板的色彩选择中要注意保持大体和谐，如使用了过多色系的用具会让人产生一种不适，或是觉得太花哨，整体的统一让人觉得舒适。而且这种统一中要稍微有所变化，引入纯度不是很高的色彩，让人感觉平衡中稍微有一点的点缀，这样就使整体的稳重和局部的丰富统一起来了。

**6. 声光要素的辅助**

声音和光线的设计在环境设计中起到辅助的效果，但是不要小看这种效果，它对于整体空间的营造往往能产生奇效，一点点的修补也许就挽救了整个空间。既然是工作空间，当然不希望被各种杂音所打扰，而且安静的环境才能让人专心工作。所以办公空间应当首先考虑噪声的控制，通常的噪声水平应当控制在 42~48dB 间，过低的分贝会让人产生紧张感，过高也会影响人的专注状态。由于办公空间内经常会有电话、公务交谈等环境干扰音，因此办公空间设计的过程中应当尽量采用隔声效果良好的设置。特别是一些专门为高层商务人士设计的办公室、会议室等，要把隔声放到一个更高的级别上去考虑，为了防止商业机密被泄露，这些地方最好是安装性能优越的隔声设备。

传统设计往往对光线没有做过多安排，通常利用自然光或一般照明就够了。现代的办公空间设计应当根据工作人员的不同职能，以及不同工作需要来分配照明。总体上可仍然采用一般照明来满足环境空间的基本光线需求，在个别地方可以采用可调光的灯具来控制光线。而光线的色调也可以在原来基本是冷色调的基础上，适当加入一些暖色调，来形成一个张弛有度的空间。总之，设计者可配合前面对空间的不同安排，调动不同的光源方向和色调等手段，充分利用自己的匠心进行局部照明的设计。

# 6.3　现代办公商务空间的装饰设计

## 6.3.1　现代办公商务空间的组成部分

一般来讲，现代办公空间由如下几个部分组成：接待区、会议室、总经理办公室、财务室、员工办公区、机房、贮藏室、茶水间、机要室等。

（1）接待区：主要由接待台、企业标志、招牌、客人等待区等部分组成。接待区是一个企业的门脸，其空间设计要反映出一个企业的行业特征和企业管理文化。对于规模不是很大的办公室，有时也会在接待区内设置一个供员工更衣用的衣柜。在客人休息区内一般会放置沙发茶几和供客人阅读用的报纸杂志架，有的企业会利用报纸杂志架将本企业的刊物、广告等一并展示给来的每一位客户，有的企业还会向客户宣传企业的管理方针等。

接待区是办公空间中最重要的一个空间，它是现代办公空间装饰设计的重点。

（2）会议室：一般来说，每个企业都有一个独立的会议空间。主要用于接待客户，也可作企业内部员工培训和会议之用。它也是现代办公空间装修设计的重点。会议室中应包括：电视柜、能反映企业业绩的锦旗、奖杯、荣誉证书、与名人合影照片等。会议室内还要设置白板（屏幕）等书写用设置，有的还配有自动转印设备、电动投影设备等，也有的在会议室内设置衣柜等。

（3）总经理办公室：在现代办公空间设计时也是一个重点。一般由会客（休息）区和办公区两部分组成。会客区由小会议桌、沙发茶几组成，办公区由书柜、板台、板椅、客人椅组成。空间内要反映总经理的一些个人爱好和品味，同时要能反映一些企业文化特征。在布局总经理办公室的位置时，还要考虑当地的一些风水问题。通常情况下总经理办公桌的背后不宜有窗户，如有窗户存在，必要时要采用轻质隔墙将其封死，否则会缺乏依靠和不稳的感觉。

## 6.3.2　现代商务办公空间装修设计材料常用做法

（1）顶棚：大多都现代办公空间的设计在顶棚用材都比较简单，常用石膏板和矿棉板顶棚或铝扣板顶棚。一般只会在装修重点部位（如接待区、会议室）做一些石膏板造型顶棚，其他部位大多采用矿棉板顶棚，不作造型处理。采用铝扣板顶棚，会增加一些现代感，但造价要比矿棉板顶棚高得多。矿棉板顶棚和铝扣板顶棚同样的优点是便于顶棚内机电工程的维修（一般办公室的建筑层高都不会太高，不超过3.5m，即使做了石膏板上人顶棚，也无法上人对顶棚内机电管线进行维修）。顶棚线一般采用50mm×10mm石膏顶棚线，也有部分办公室会设计成金属铝顶棚线。

（2）地面：除特殊情况外，一般办公空间中采用最多的设计是方块毯。也有在接待厅采用大理石材料的，采用石材接待区地面时要考虑两个问题：一个是石材地面与地毯地面的接口问题，另一个是要考虑办公楼本身建筑上的承重问题。如建筑承载力不足时就不能采用石材地面。有时会在茶水房或贮藏室里采用PVC地胶板（又名石英地板砖）或地砖地面，但在贮藏室和茶水间里也有很多设计案例是采用方块地毯的。机房对地面有防静电的要求，必须采用防静电材料，如地砖、防静电木质地板、防静电架空地板等等。

（3）墙面：一般采用墙纸或乳胶漆，墙面采用墙纸会显得比乳胶漆要高档一些。墙纸和乳胶漆的颜色要选用较明快的色调，不能选用催眠的色调，让每个员工能保持高度的工作热情。

## 6.3.3　现代办公商务空间的几个常用参数

（1）接待台：高度为1.15m左右，宽度为0.6m左右，员工侧离背景墙距离为1.3~1.8m。

（2）会议室最小办公空间：宽度为3.3m，长度为5m，电视柜宽度为0.6m。

（3）总经理室最小办公空间：宽度为3.3m，长度为4.8m，文件柜宽度为0.37m。总经理办公桌规格：一般为2m×1m，板椅位宽度为1m左右。

（4）部门经理办公室办公空间：宽度为2.7m左右，长度为3.3m左右。背柜宽度为0.37m，办公桌尺寸为1.8m×0.9m，如有可能的前提下，部门经理与总经理的座位朝向尽可能的保持一致。

（5）员工区：办公桌尺寸1.4m×0.7m或1.2m×0.6m（财务、会计用），有1.2m高的屏风，主通道宽度为1.2m（消防要求），座位宽度为0.7m。

## 6.3.4　现代办公商务空间中的机电设计问题

（1）给水排水设计：只有当茶水间中设置洗手盆时才会有给水排水设计项目。有些办公楼租给小业主时，不允许小业主（租户）在地板上开设下水的排水孔，这时可采用上排式排水方式，即在洗手盆下方设置一个排水的蓄水小池，然后用一个小型潜水泵抽至天花，排至该楼层的排水点，并设计水位（即液面）自动控制排水系统。

（2）电气照明：一般办公室的电气用电负荷为50~70W/m²，一台台式电脑的用电量为 100～120W，复印机的用电量为 1000W 左右，茶水房内微波炉的用电量为 1500W 左右，电脑机房主机房用电量约为 3000W 左右（1000m² 办公室面积时）。照明一般采用筒灯和日光灯灯盘两种，筒灯主要用在重点部位，办公空间一般采用日光灯灯盘。一个筒灯的服务范围面积为 2.5m² 左右；一个 3×40W 日光灯灯盘的服务面积约为 10m² 左右。灯光一般采用暖色光。电气插座从安全角度讲宜采用带保护门的 10A 三孔插座（二孔插座因无接地线不太安全），一般电气插座的安装高度为 300mm，插座位应与家具安装位错开，在固定家具位的墙装插座高度一般为 1000mm 左右。电气插座数量配置：员工位：每位一个；部门经理位：每位两个；总经理办公室：三至四个；茶水间：三至四个；并在每个区域内要设置必要的清洁插座。在电气系统设计时，要注意复印机、茶水间、机房等位置的用电设备要单设供电回路，以免电干扰。机房内供电要设置不间断电源，对弱电设备要设置安全的保护接地系统。

（3）弱电系统：在现代办公空间中，对电话、电脑、电视等弱电工程的设计要求也越来越高。弱电设计的一般配置：总经理办公室：一个内线电话出线口、一个长途直拨电话出线口、一个传真机出线口、一个电脑出线口、一个打印机出线口；部门经理办公室：一至两个电话出线口、一个电脑出线口；员工位：一个电话出线口和一个电脑出线口；会议室：要配有电视、电话、电脑出线口，有的会议室还会设置电动屏幕、投影仪等；前台：会设置一个总机交换接线口、设置直线和分机电话出线口、电脑出线口；接待区的会客区也会设置一个内线电话出线口供客人使用。

（4）空调：一般采用水冷空调系统（即风机盘管），冷负荷为 100～120kcal 左右，每个房间或空间都能单独控制该区域的室温状况。整个办公空间中只有机房对空调有特殊的要求：由于机房面积小，机房内的设备发热量大，一般采用单冷式空调设备。有些高档办公楼在整个大厦设计时已经考虑了常年冷冻水管道的供应。由于 IT 行业的兴起，现代办公空间中能体现现代味的现代化通信和网络时代的机房设备越来越多，机房的面积也会随之越来越大，机房的要求也越来越高。

（5）消防：包括防火通道、防火门、防火区域、水喷淋系统、烟感报警系统、消防报警喇叭和排防烟系统的设计。防火门设置要求必须保证每个位置距消防出口的距离不能大于 30m；防火通道的宽度不能小于 1.2m；每个喷淋头服务的建筑面积为 10m² 左右，喷淋头之间的间距为 3.6m，喷淋头离墙为不大于 1.8m；烟感器的服务面积为 50m² 左右，安装在顶棚的最高处，每个封闭的空间不管房间大小必须至少得有一个烟感器。机房的消防要求：当机房面积达到 100m² 以上时，机房内必须设置气体灭火系统，小型机房可设置小型的干粉灭火喷头，根据防火区域的划分在防火区上界限上隔墙应为防火墙，门必须为防火门。

## 6.3.5 现代办公商务空间设计时应注意的问题

（1）现代办公商务空间设计中的座位朝向问题：尽可能避免背对客人的状况，因为背对客人会体现出主人对客人的不尊重。尽可能使整个办公空间的座位朝向一致。当不能做到时，要保证办公空间中主要领导的座位朝向是一致的，设计文化中要体现齐心协力、一同作战的企业文化。

（2）会议室和总经理办公室中客人椅的选择：要选择不能摇摇晃晃的座椅，一来保证会议的严肃，二来保证客人对总经理的尊重。

（3）资料室中宜采用大容量的路轨移动文件柜，保证在有限的空间里贮藏更多的文件资料。

（4）隔断高度的设置：对于现代办公空间中干式隔断的高度，从经济的角度讲是有分别的：总经理办公室、会议室、机房和财务室的隔断一般要做到结构顶，而其他房间可做到假顶棚顶往上下 100mm 即可。对于建筑层高在 3.5m 以下的办公楼，其间的干式石膏板隔断龙骨可采用 50 系列的；当建筑层高高于 3.5m 时，干式石膏板隔断的龙骨采用 75 系列的；对于现金流量较大的财务室，为了安全起见，石膏板隔断中还要采用镀锌钢板作为衬垫；对于装修后需挂画的位置在装修设计时，还得考虑日后安装画等装饰品位置处预埋在隔断内的小木方等材料。

（5）电气综合布线：一般电气综合布线在天面、墙体里进行，但也有部分高档办公楼会在地面利用线槽和网络砖等形式进行综合布线。

（6）现代办公空间的装饰配套设计：配套设计包括活动家具、窗帘、画、盆景等，活动家具最重要的一点是突出了整个办公空间的等级制，家具规格的大小、活动屏风的高矮、办公位置的设置能体现该位置办公人员在企业的职位大小。在办公空间中，窗帘一般会选用垂直百叶帘，卷帘只有在会议室和总经理办公空间中才出现，垂直布帘原则上不宜用在办公空间中。

当然现代办公空间的设计还要结合业主的意见、企业文化和行业特点，也不能完全按照一定的模式去做。

# 6.4　现代办公商务空间各部位的空间装饰设计

## 6.4.1　现代办公商务空间入口空间的设计

现代办公公共空间的入口虽然不是最主要的空间，但是在整个办公室内设计空间中占有相当重要的地位。入口正是整个办公室内空间发挥其功能的起点，对整体空间的性质、特征、风格有开篇定位的作用。

办公空间的入口设计是室内空间的第一印象，设计时应该根据整体空间的规模、性质来决定其功能、大小和风格。入口空间通常由接待问询、相关手续办理流线、等候休息、交通路线设置、管理安保等多重功能构成。设计这一空间时，应注意满足以下几方面的要求：

（1）空间布局清晰简明，使入口各功能之间相互协调。

（2）遵照交通流线的合理性，注重空间分区处理时的水平与垂直向交通流线的关系和分布均衡性。对主要流线与次要流线要通过室内要素语言进行分类，使主要流线明晰突出。

（3）增加相应的界面进行区域划分和视线设计，使主要功能突出，便于使用者分辨空间功能信息。

（4）对整体空间内工作人员的管理、服务及工作流线进行妥善地组织，尽可能避免不同流线间的相互干扰。

（5）设计要协调、统一、大气，空间的尺度、比例在可调整的前提下应符合建筑的功能和风格。装饰手法和风格要体现整体的功能定位、等级和个性，还要满足环境使用的舒适性和科学性，营造人性化的服务空间。选材应注意人员流量的特点，要体现品质、耐久、舒适、美观，比如常选择石材、高强度同质砖或塑胶材质的地面，就是为了考虑其耐久且利于清洁维护的特点。

（6）光环境设计以明快、美观为基本要求，也可以根据空间的个性特点作特殊处理，但通常公共空间入口的光设计要避免阴暗、模糊或过度变化。

公共空间的入口设计是设计师水平、能力的重要展现场所，因此浓墨重彩也好，淡雅轻描也罢，都是整体设计中最重要的组成部分。

## 6.4.2 现代办公商务空间走道及电梯厅空间的设计

如何合理做好办公室走廊空间的布局与规划，在设计时要注意以下的事项：

（1）办公室走廊过道地面装饰：一般根据每个功能空间的地面装饰材料做统一设计，常用的有地毯和大理石来做装饰。颜色方面要围绕空间主色系进行选择，大理石一般采用米黄色或者杏色纹理居多，地毯一般采用浅蓝色为宜。可以采用大理石或者地毯，大理石设计高档且容易清洗，地毯铺装可以保持办公空间的安静、耐脏。

（2）办公室走廊装修天花板设计：办公室走廊属于办公空间的过渡区，在进行天花设计时要考虑走廊的光线和亮度，一般采用吸顶灯设计，或者长方形的灯带设计。照明的亮度需要合理把握，但不是越亮越好，当然也不是越暗越好。走廊区域的照明，要让人们可以在走廊中清楚地找到自己想去的地方，并且整个照明要和办公室装饰和谐统一。

（3）办公室走廊过道墙体设计：办公室过道墙体设计是整个走廊设计的重点部位，如果走廊墙体面积大的话，可以在两侧做一个企业形象墙，悬挂一些企业的荣誉证或者企业发展历程的宣传图书。要是走廊墙体过于宽广的话也可以安装一块较阔的茶镜玻璃，镜面四周用银白色的铝合金条镶框，下方墙脚处放置盆景或花卉予以衬托其室内的自然景致，给整个办公空间充满活力。

（4）电梯厅是为使用者等候电梯而设置的交通联系空间，一般面积较小，空间也都较为狭窄。其装饰风格应是大厅风格的进一步延伸，在整体造型和色彩上可采用精致、典雅的设计手法，在材料选择上，需考虑坚固耐久、易于清洁的反光材料，以便给空间中增加光亮度及宽阔感。

## 6.4.3 现代办公商务空间会议室空间的设计

作为一个现代化的会议室，不仅要有足够的空间满足公司人员开会的基本需求，还要有完善的会议系统设备，在系统功能上考虑音响、录音卡座、投影机、投影屏幕等多媒体设备的设置。

（1）会议室的类型及各项基本要点

会议室的类型按会议的性质进行分类，一般分为公用会议室与专业性会议室。公用会议是适应于对外开放的包括行政工作会议、商务会议等。这类会议室内的设备比较完备，主要包括电视机、话筒、扬声器、受控摄像机、图文摄像机、辅助摄像机（景物摄像等），若会场较大，可配备投影电视机（以背投为佳）。专用性会议室主要提供学术研讨会、远程教学、医疗会诊，因此除上述公用会议室的设备外，可根据需要增加供教学、学术用的设备，如白板、录像机、传真机、打印机等。

会议室的大小与电视会议设备，参加人员数目有关。可根据会议通常所参加的人数多少，在扣除第一排座位到主席台后的显示设备的距离外，按每人 $2m^2$ 的占用空间来考虑，甚至可放宽到每人占用 $2.5m^2$ 的空间来考虑。顶棚高度应大于3m。

从环境角度来讲，会议室内的温度、湿度应适宜，通常考虑为 $18\sim25℃$ 的室温、$60\%\sim80\%$ 的湿度较合理。为保证室内的合适温度、合适湿度，会议室内可安装空调系统，以达到加热、加湿、制冷、去湿、换气的功能。会议室要求空气新鲜，每人每时换气量不小于 $18m^3$。会议室的环境噪声级要求为40dB（A），以形成良好的开会环境。若室内噪声大，如空调机的噪声过大，就会大大影响音频系统的性能，其他会场就难听清该会场的发言。

（2）会议室的布局、照度、音响效果

会议电视室除了规定要求的布局必须严格执行外，可适当灵活布置。下面举的例子是一个比较典型的电视会议室的布置形式。

整个会议室的显示设备分为两个部分，一个是主席台后的投影（或背投电视），它负责为与会代表提供本会场和另一会场的图像显示，一个是主席台前的4台电视，它们分为两组，负责为主席台领导显示本会场图像和另一会场图像。图像采集设备也分为两组，主摄像机安装在会场中央，实时采集主席台图像，另一组全景摄像机安装在会议室右前部，对会场全景进行拍摄。两组摄像机均应为受控摄像机，可由会议电视设备进行控制。扬声器在会议室的前后各安装一对，为了获得更好的声音效果，要求距墙壁和电视机至少1m。

会议室的布局也是影响画面质量的另一因素，它是会场四周的景物和颜色，以及桌椅的色调。一般忌用"白色"、"黑色"之类的色调，这两种颜色对人物摄像将产生"反光"及"夺光"的不良效应。所以无论墙壁四周、桌椅均采用浅色色调较适宜，如墙壁四周米黄色、浅绿、桌椅浅咖啡色等，南方宜用冷色，北方宜用暖色，使所提供的视频电平近似0.35V。摄像背景（被摄人物背后的墙）不适挂有山水等景物，否则将增加摄像对象的信息量，不利于图像质量的提高。可以考虑在室内摆放花卉盆景等清雅物品，增加会议室整体高雅、活泼、融洽气氛，对促进会议效果很有帮助。

从观看效果来看，监视器的布局常放置在相对于与会者中心的位置，距地高度大约一米左右，人与监视器的距离大约为 $4\sim6$ 倍屏幕高度，各与会者到监视器的水平视角应不大于60°。所采用的监视器屏幕的大小，应根据会议电视的数据速率、参加会议的人数、会议室的大小等几方面的因素而定。对小型会议室，只需采用 $29\sim34$ 英寸的监视器即可，或者大会议室中的某一局部区采用；大型会议室应以投影电视机为主，都采用背投式，可在酌情选择电视机的大小，最好将电视机置于会议室最前面正对人的地方。

会议室照度方面，灯光照度是会议室的基本必要条件。摄像机均有自动彩色均衡电路，能够提供真正自然的色彩，从窗户射入的光（色温约5800K）比日光灯（3500K）或三基色灯（3200K）偏高，如室内有这两种光源（自然及人工光源），就会产生有蓝色投射和红色阴影区域的视频图像；另一方面是召开会议的时间是随机的，上午、下午的自然光源照度与色温均不一样。因此会议室应避免采用自然光源，而采用人工光源，所有窗户都应用深色窗帘遮挡。在使用人工光源时，应选择冷光源，诸如"三基色灯"（R、G、B）效果最佳。避免使用热光源，如高照度的碘钨灯等。会议室的照度，对于摄像区，诸如人的脸部应为 500LUX，为防止脸部光线不均匀（眼部鼻子和全面下阴影）三基色灯应旋转适当的位置，这在会议电视安装时调试确定。对于监视器及投影电视机，它们周围的照度不能高于 80LUX，一般在 50～80LUX 之间，否则将影响观看效果。为了确保文件、图表的字迹清晰，对文件图表区域的照度应不大于 700LUX，而主席区应控制在 800LUX 左右。

会议室的音响效果方面，为保证声绝缘与吸声效果，室内铺有地毯、天花板、四周墙壁内都装有隔声毯，窗户应采用双层玻璃，进出门应考虑隔声装置。根据声学技术要求，一定容积的会议室有一定混响时间的要求。一般来说，混响的时间过短，则声音枯燥发干；混音时间过长，声音又混淆不清。因此，不同的会议室都有其最佳的混响时间，如混响时间合适则能美化发言人的声音，掩盖噪声，增加会议的效果。

## 6.4.4  现代办公商务空间办公室空间的设计

办公室设计有如下几点基本要求：

（1）在办公室设计中一般追求一种明亮感和秩序感，注重使用的舒适性和简洁性，同时也要兼顾品位和档次的要求。

（2）在顶棚中布光要求照度高，多数情况使用日光灯，一般为 1200mm×600mm 或 600mm×600mm 格栅灯，局部配合使用筒灯、射灯。在办公室设计中灯具往往需要与喷淋、烟感等消防器材和空调的进、出风口等做通盘考虑，要求有秩序或对称处理，同时要满足规范要求。

（3）顶棚中考虑好通风与恒温，通过计算设置空调的进、出风口以及烟感、喷淋等消防设施。

（4）设计顶棚时考虑好便于维修，检修口要设计在易于上下，并且方便检修的地方。

（5）顶棚造型不宜复杂，除经理室、会议室和接待室、前厅之外，多数情况采用吊平顶。

（6）办公室顶棚材料有多种，办公室设计多数采用轻钢龙骨矿棉板和轻钢龙骨铝扣板等，这些材料有防火性、质轻、简洁美观而且有便于平吊的特点。

（7）办公室墙面一般使用墙面乳胶漆和墙纸。新型墙面乳胶漆即通常所说的涂料具有易施工、造价较低、环保美观等特点。墙纸一般选用无缝粘贴，这种施工要求机器上浆，专业化裁切，以保证施工效果。软包和木饰等在高档办公室装修中也有使用。

（8）办公室门窗主要为玻璃和木制品，办公室门要求外开。其中单门要求宽度不小于 900mm，双开门宽度不小于 1800mm，开门的数量要符合消防要求。窗帘常选用垂直帘和卷帘等形式。

（9）办公室地面是设计考量最多的地方。因为不但要考虑舒适和方便，还要考虑综合布线和消防要求。地面材料一般选用地毯、木地板、复合地板等，有些有防静电要求的地方如机房等要用防静电地板、地毯、PVC 地板也有所应用，在高档办公室装修中的特殊部位也有石材和瓷砖的使用。

## 6.5　办公商务空间室内装饰设计案例

本案例（图 6-1～图 6-35）办公楼装修设计以现代时尚、低调奢华、空间实用、舒适办公等方面体现，倡导设计之美，家具摆设高档实用，保持着一种高雅和尊重。办公流线环境更体现人文文化，突出时尚智能化办公，这样人的工作思维便可以自由徜徉，负重的灵魂便可以得到放松。设计师力图展现出办公细节的功能性，减去不必要的装饰。在材料的选择上，主色调是企业文化体现的一部分，采用浑厚有力的咖啡色加现代金属样色做搭配，充分地体现材料的高贵，体现材料的天然之美，文化底蕴，现代艺术风。

设计师采用了一种新中式装修设计方式，新中式风格是传统与现代的有机结合，是中国传统风格文化意义在当前时代背景下的演绎，是对中国文化充分理解基础上的当代设计，是对传统文化的合理继承与发展。其中，办公楼设计大堂在色彩方面秉承了古典风格的典雅和华贵，但与之不同的是加入了很多现代元素，呈现着时尚的特征。现代中式风格家具的会议室一般颜色沉敛深厚、文化品位浓郁。就搭配来说，现代中式风格家具将中国传统元素和现代设计"自由搭配"，成为现代家居设计和装饰的一种新思路，更引导了一种与众不同的审美思想。

### 6.5.1　董事长办公室

董事长办公室在配饰的选择方面更为简洁，少了许多奢华的装饰，更加流畅地表达出传统文化中的精髓，为了给办公室增添几分暖意，饰以精巧的灯具和雅致的挂画，使整个居室在浓浓古韵中渗透了几许现代气息。新中式风格的饰品主要是瓷器、陶艺、中式窗花、字画、布艺以及具有一定含义的中式古典物品。墙面背景以中国山水字画加以点缀，装饰空间的同时也让整个空间弥漫着浓厚的文化气息。如图 6-1～图 6-9所示。

图 6-1　董事长办公室效果图

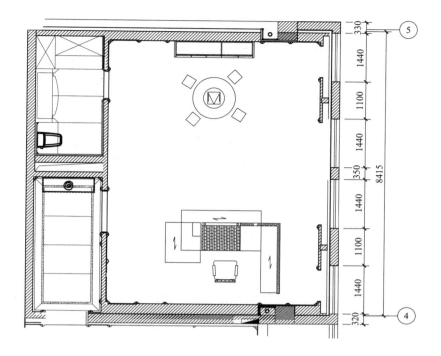

图 6-2 董事长办公室平面图

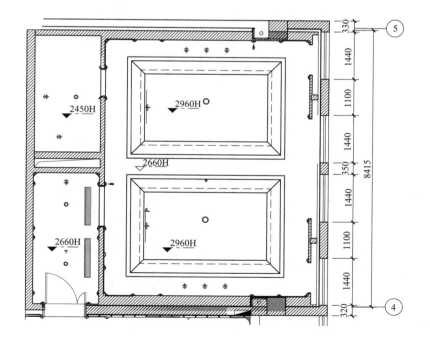

图 6-3 董事长办公室顶面图

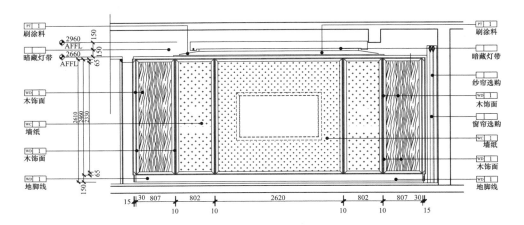

图 6-4　董事长办公室立面图一

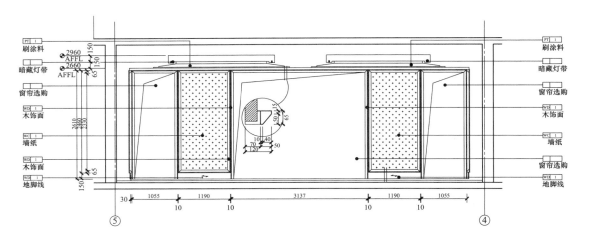

图 6-5　董事长办公室立面图二

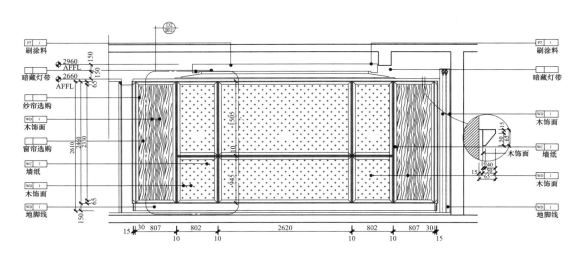

图 6-6　董事长办公室立面图三

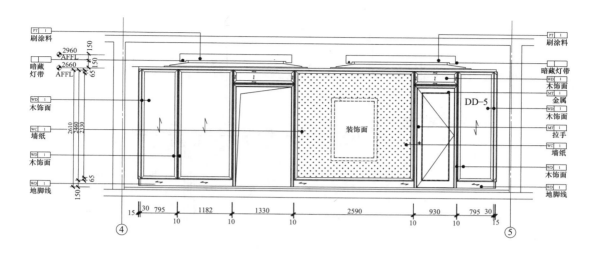

图 6-7　董事长办公室立面

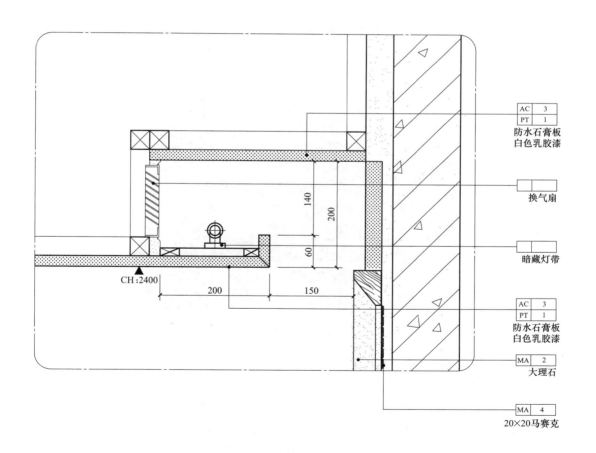

图 6-8　董事长办公室节点图一

141

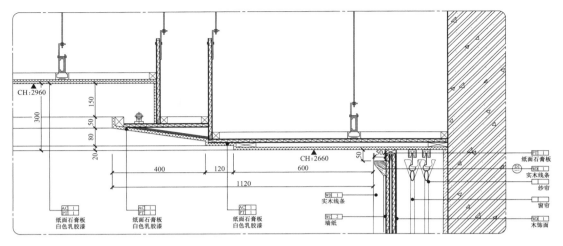

图 6-9　董事长办公室节点图二

## 6.5.2　接待室

接待室的设计，追求一种高品质服务的感觉。简欧奢华的沙发，靠近边窗，让宾客休息之余，轻松就可以欣赏到窗外繁华的景色。通道的设计，散发着古韵幽香，木制的轩窗，行云流水般的顶面条纹，幽幽的灯光映着略深色的地毯，让宾客走过，似踏着无限美好的怀想……如图 6-10～图 6-19 所示。

图 6-10　接待室效果图

## 6.5.3　电梯厅

电梯厅的装饰设计，可谓古典韵长，端庄正气的地面拼花，指引着人们走过典雅的前厅。以棕深色为主，墙面皆配以棕深色，似有古木的檀香一般。电梯门以镂花点缀，和着棕色墙面，透露着一种奢华，里面以淡色为主，让人顿觉清新。如图 6-20～图 6-26所示。

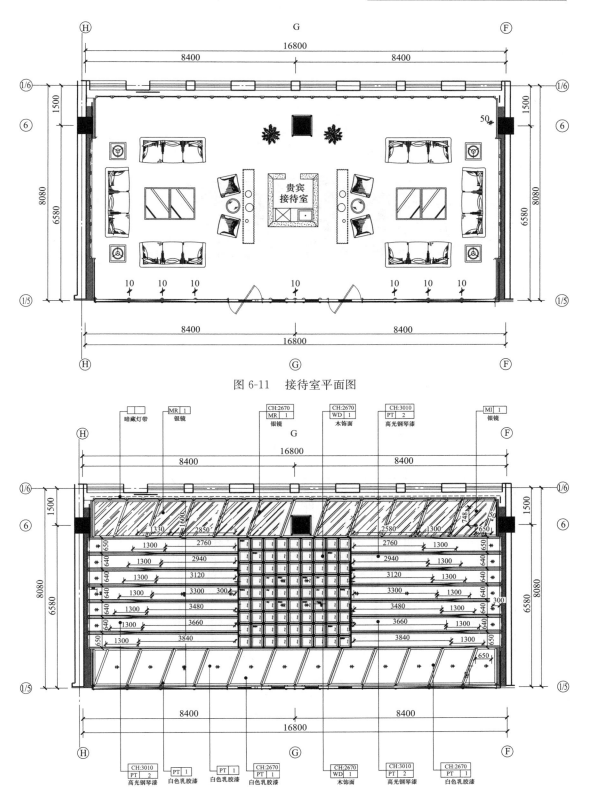

图 6-11 接待室平面图

图 6-12 接待室顶面图

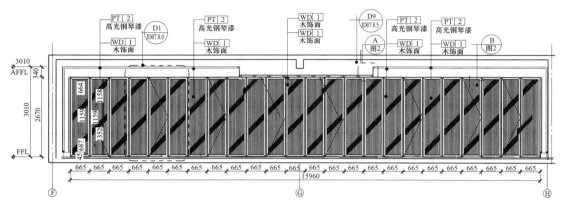

图 6-13　接待室立面图一

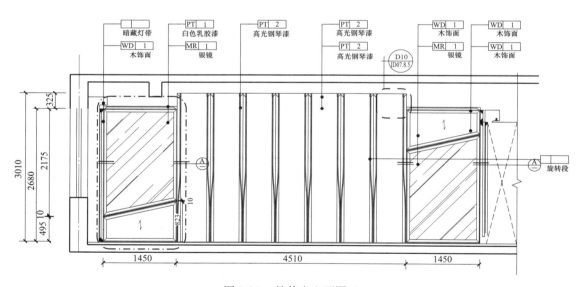

图 6-14　接待室立面图二

144

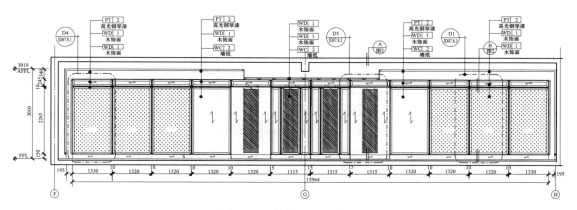

图 6-15　接待室立面图三

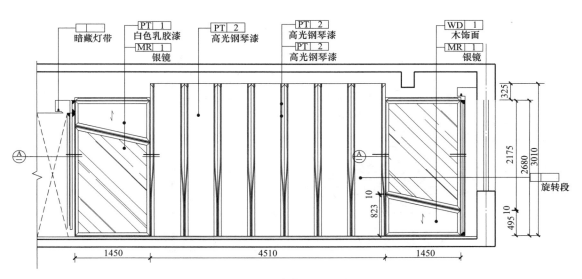

图 6-16　接待室立面图四

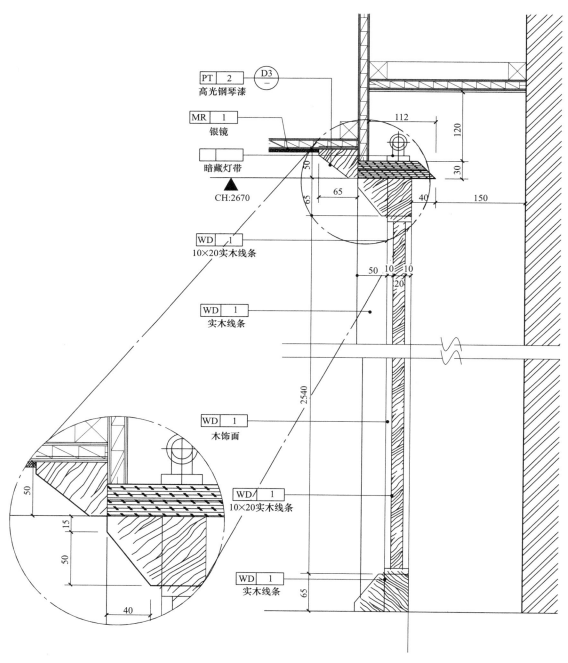

图 6-17 接待室节点图一

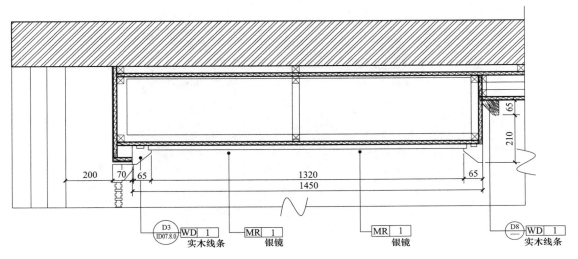

图 6-18 接待室节点图二

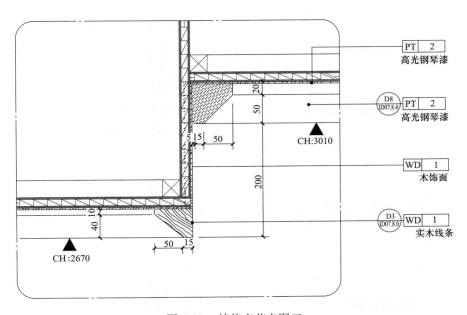

图 6-19 接待室节点图三

图 6-20 电梯厅效果图

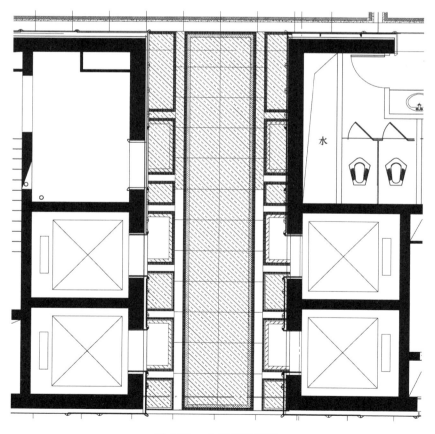

图 6-21 电梯厅平面图

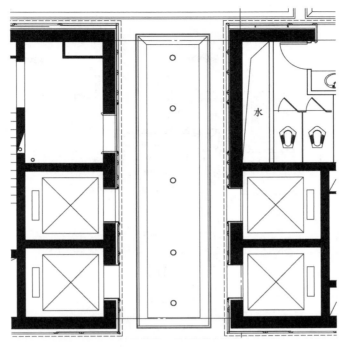

图 6-22 电梯厅顶面图

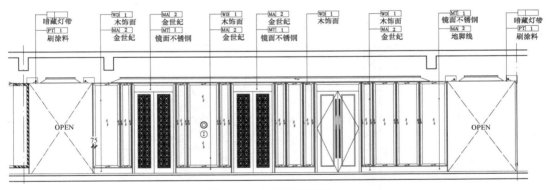

图 6-23 电梯厅立面图一

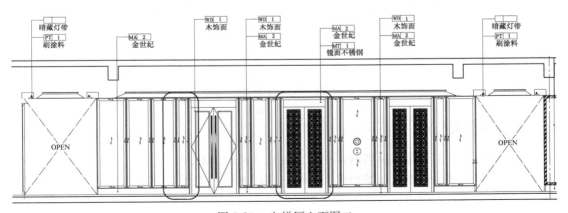

图 6-24 电梯厅立面图二

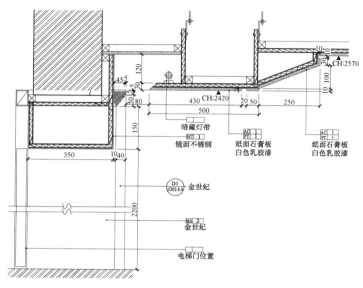

图 6-25　电梯厅节点图一

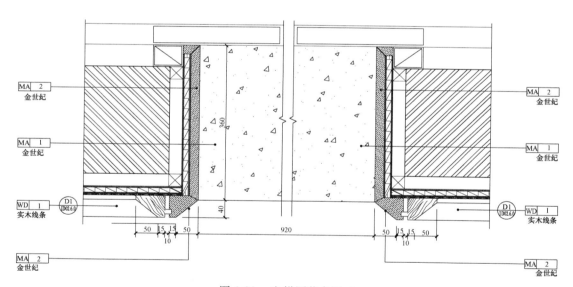

图 6-26　电梯厅节点图二

### 6.5.4　贵宾接待室

　　保持主色调，主体装饰材料的运用，铺陈出一派纯洁高贵的气质；颇具阵势的块式吊顶，无形中拓展了视觉空间，显得气宇轩昂；冷暖相宜的灯光影调，点染室内的立体感；端庄厚重的皮椅、工艺地毯与明朗素雅的主幕墙在对比中达成和谐，不仅持续了风格的统一，还传递着现代企业的文化信息。如图 6-27～图 6-35 所示。

图 6-27 贵宾接待室效果图

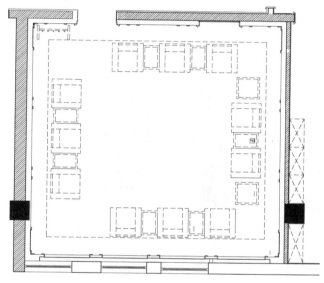

图 6-28 贵宾接待室平面图

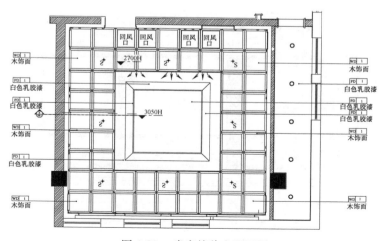

图 6-29 贵宾接待室顶面图

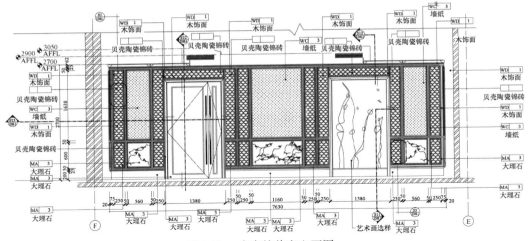

图 6-30 贵宾接待室立面图一

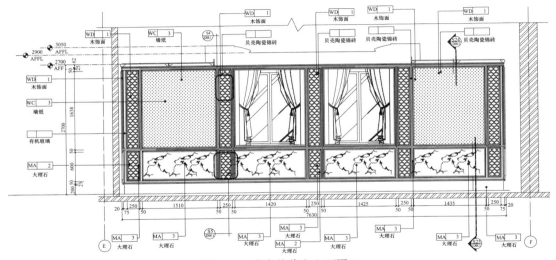

图 6-31 贵宾接待室立面图二

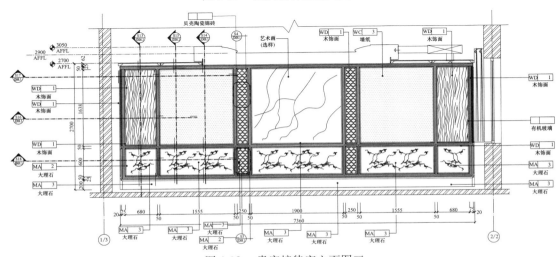

图 6-32 贵宾接待室立面图三

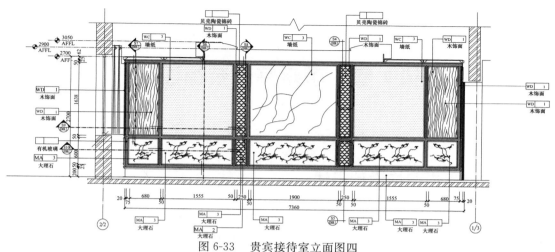

图 6-33　贵宾接待室立面图四

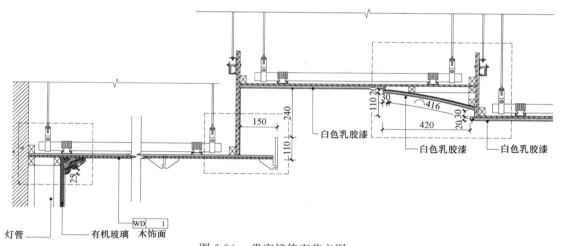

图 6-34　贵宾接待室节点图一

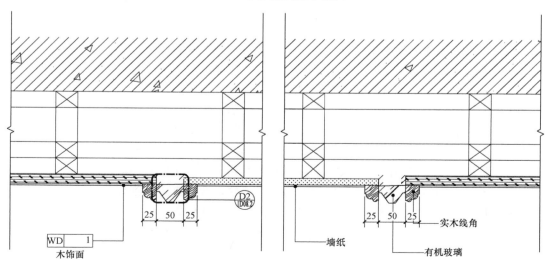

图 6-35　贵宾接待室节点图二

# 第7章　医院室内装饰设计

## 7.1　医院室内装饰设计概述

医院的建筑室内装饰设计是同国家的经济发达水平和医院建筑设计的发展相适应的。我国在这个领域起步较晚，20世纪90年代中期，我国的医院建筑规划设计概念发生了根本的变化，具有现代化特色的新医院建设、世界上高科技医疗设备的引进，使医院建筑装饰这个行业应运而生，尤其是自2000年前后，随着我国医疗系统改革和先进的管理体系的发展，新的综合医院、专科医院、私立医院大量出现，旧的医院也正在进行整体的规划改造和扩建，使我国的医院建筑装饰空前繁荣，并以其行业特色在建筑装饰领域独树一帜。通过设计语言、组织空间营造环境气氛，从而尽显医院的功能特性、技术标准、人文理念、文化内涵等诸因素，适应了社会的文明进步和人们对其自身生存环境质量的品位。

### 7.1.1　医院室内设计的理念

国内很多人认为星级宾馆的装修是最豪华、最高档的，很多装修似乎都要"宾馆化"才有档次。医院的室内环境设计是否也应该像宾馆一样？这是目前国内医院室内装修设计普遍存在的一个问题。我们认为：医院的室内环境设计不能简单模仿宾馆的豪华和高档。

目前国内现有的医院虽然纷纷大规模开始翻新、改造或新建，在室内装修的这个特殊领域必然分为两个阶段：

第一阶段，即"宾馆化"阶段。很多新建、改建医院迫不及待地想摆脱传统医院"白色恐怖"的形象，简单模仿宾馆的豪华风格：进口大理石地面，丰富的造型墙面，凹型灯槽的天花，眼花缭乱的艺术吊灯等宾馆手法纷纷运用到医院装修设计中，结果使用后发现似乎只是体现了建筑豪华感，在风格上却忽略了医院本身的基本格调，又不太像医院了，让病人感觉似乎走错了地方或者收费会很昂贵。这样装修虽然花费了宾馆的造价却仍然没有达到投资者想象中的效果。很多在国外参观过的院方领导、专家在回国后总有这样的感觉：国外的医院虽然很现代化，装修也很有品位，但一看就知道是医院，有统一的医院的感觉。国内的医院缺少的不仅仅是传统老医院的形象，还要始终保持一个"医院的感觉"。

第二阶段：即是向与国际现代化医院过渡的发展。医院装修除克服传统印象外，也充分体现了现代化风格与医院特色，并逐渐与国际接轨，造就真正的现代化医院，当然要实现两者的有机结合，这需要一定的时间过程。国内的一些优秀室内设计师，在医院室内设计课题上也要有一个"转型定位"的过程，使医疗建筑室内设计逐渐完善自我的设计理念和手法，具备一些规律性和创导性的或为真正独立的一项专业。

现代医院室内设计应以简洁的造型语言来表达丰富的设计内涵。简洁不等于简单。简洁就是用最少的语言来表达更多更深的含义，是另一种意义上的复杂。简洁的设计不是侧重造型元素的复杂，而是用合乎医院使用功能的最简洁的流线来形成、组织空间，用最简洁的材质组合来实现视觉的丰富，营造出让人精神振奋或给人情绪安慰的空间。

医院室内设计在室内设施的配置和对人无微不至的细微设计上，则应参照星级宾馆的细腻之处。如在大厅中应该配置足够的休息座椅、显眼的问讯导医台、电脑查询机、ATM 机、高低台面的公用电话、电子显示屏、宜人的绿化、精巧的商业空间等等。在一些细部艺术空间的处理上，也可以借鉴宾馆和写字楼常用的手法对简洁的医院设计手法加以点缀。

## 7.1.2　医院室内设计的基本原则

将技术性与艺术性的有机结合，是现代医院建筑的室内环境设计的重要原则。

作为与人的生命健康息息相关的建筑，医院环境的空间氛围给人带来的影响是不容忽视的。众多的研究表明：除了手术、药物等可以起到治疗作用外，良好的就医环境气氛，如自然采光、能够看见绿色的病房——医院环境所表现出的对自然的亲密接触的空间氛围，同样有利于患者的康复，因为阳光、空气和水是构成人类生存的重要条件，人们对它们的存在表现出相当高的亲和性。在国外的医院室内环境设计中，甚至在 ICU（重症监护室）中出现了引入绿色植物、设置可引入阳光的窗的处理方式。

在医疗建筑的室内环境设计中，如何处理医技设施与室内设计一体化是一个不能忽略的问题，如设于病房顶棚上用于悬挂输液瓶的滑轨、设于墙面用于连接吸引器、信号灯、电源的管道等医技设施，都须与室内环境设计要素整体考虑，否则使得室内空间显得凌乱。

综上所述，虽然在医院建筑室内环境设计中必须以满足功能要求为第一条件，但从室内环境所营造的氛围来讲，人性化和艺术性的特点是其核心。若将医疗建筑的使用功能要求、医疗设备和医技设施定义为物化的技术层面，而将现代医院建筑的室内环境的空间氛围作为精神化的艺术层面，那么两者的和谐统一是现代医院建筑的室内环境设计的应遵循的重要原则。充分满足技术层面的要求，灵活地利用室内环境设计的各种手法，创造舒适、宜人的空间氛围，以利患者的康复。

## 7.1.3　医院室内设计的核心内容

人性化医疗空间的塑造，是现代医院建筑的室内环境设计的核心内容。

进入 20 世纪 90 年代以来，随着广大人民群众生活水平的不断提高，人们对医院的就医环境提出了越来越高的要求，同时由于我国的医院建设目前正处于一个高峰时期，并且大量的陈旧的医院建筑已不能满足现代综合医学模式的要求而需改造，因此人性化医院环境的创造问题开始受到了社会各界的广泛关注。现代医院建筑的人性化医疗空间的塑造，即是强调"以病人为中心"的观念的体现，它表现在以下几个方面：

（1）方便患者的设计：方便患者的设计，包括人体工程学的良好运用、无障碍设计、明显的指示标志的导向设计。由于医院使各种疾病患者集中的地方，在其室内环境设计时，应充分考虑无障碍设计，以满足残疾患者的良好使用；另外医院建筑组成复杂，科室众多，走道纵横，为患者提供易于识别的室内环境是十分重要的，同时辅以简洁、明显、规范的指示标志的导向设计，有效地引导患者方便地使用医院的各种设施、迅捷地到达要去的部门，可减少由于导向不明确所造成的情绪上的波动和急躁。

（2）重视患者行为心理的设计：重视患者行为心理的设计，包括室内环境的色彩选择、表面材料的选择、背景音乐的设置。在现代医院的室内设计应当尽可能在色彩、灯光、装饰及音响等方面采取相应的措施，来降低紧张的气氛，创造温馨和谐的氛围，使患者能积极地配合医生的治疗从而提高治疗的效果。色彩是通过人的视觉传递到大脑，促进腺体分泌激素，从而影响人的生理和心理，达到恢复健康的目的，因此色彩具有一定的辅助医疗功能，在色彩方面，急诊室和一些抢救用房可以采用令人情绪稳定的蓝色，而住院病房可以采用令人心境平和的暖色。适度悦耳的音乐，可调节病人与环境的关系，在音响方面，可播放如轻音乐的背景音乐来创造平和亲切的气氛，以帮助患者舒缓紧张和不安的情绪。而在一些特殊科室，如儿科住院病房，则采取合乎儿童心理特点的空间处理手法，可收到良好治疗的效果。有统计调查表明：游戏场所对提高儿童的活力的作用是不可否认的，在提供游玩环境的医院中的孩子们目光有神，免疫能力增加得快，康复的能力高，这是因为孩子们当处在一个活泼、浪漫、温馨的医院环境之中，他们的恐惧感和不安会大大降低，身体的康复会加快。因此在满足儿童活动的空间尺度（生理需要）的同时还应充分重视他们心理上的需求，所以合乎儿童心理特点的活泼的色彩搭配、墙面上随处可见儿童卡通图画、形式多样的游戏场所将会成为我国现代医院建筑儿科住院病房室内环境中日益重要的设计元素。另外，在一些检查科室的室内装饰方面，也出现了利用心理学研究成果，对天花、墙面等部位进行专门设计，以配合检查进行的趋向。所有这些细致入微的设计处理，都体现了医院在救死扶伤的终极目标指导下，对人的关怀和对生命的呵护。

## 7.2　医院室内细部设计与专项设计

### 7.2.1　医院室内设计的细部设计

在基本设计的原则指导下，针对不同区域、不同科室、不同病区、不同使用对象，还应进行与之相对广泛的专项设计和细部设计，这就是人们常理解的"以人为本"。因此类分项太多，现举几项案例作简要说明：

（1）在产科室内设计上，应充分了解在众多的科别中，只有产科病人不是真正患病的人，到医院生产只是正常的生理过程，所以在病房的选材、选色、灯光设计上尽量家庭化，还应设置爱屋（夫妻同室）、母婴同室等。

（2）又如在儿童医院的室内设计上，安全设计的力度应大大提高，栏杆的设计就应防止儿童钻、爬、翻三种行为，所有插座应设置保护电门，扶手、洗手台面都应有高低两种尺度，以适合儿童的尺度，休息座椅也建议采用"1+2"式，即 2 个成人座椅间有一个小尺度的小孩座椅。

（3）在老年人、残疾人或心脑血管康复病人的病房及其卫生间内，应在距地面 $H=300mm$ 高处各增设 $1\sim2$ 处紧急呼叫钮作为呼叫系统的补充和完善，病人摔倒后即使爬不起来，也能轻易地接触到呼叫钮，从而让医护人员及时得到呼叫。

（4）在牙科诊室、CT 室及病人长期仰卧的病房内，顶棚设计则是病人最关心的问题。首先要避免强眩光设计，其次可在顶棚相应部位悬挂漫画或风景图案让患者紧张的心理得以放松，条件好的医院还可悬挂液晶电视屏等。

（5）最基本的病房是医院最重要的地方之一。由于病人停留在病房内的时间最长，且大部分的活动都在该空间进行，因此，房间布置和装饰要突出温馨、舒适、高雅，使住院患者有在家的感觉，有高格调的享受。随着时代的发展，昔日南丁格尔式的大病房已不再是设计的主流，取而代之的是单人小病房，这完全是出于以病人为本考虑的结果，尽管增加了医护人员的工作量，但病人的干扰少了，私密多了，有利于病人的心理放松。国外医院很注重病人的心理状态，如日内瓦老人医院考虑到老年人怕孤寂的特点，在病房设计上把病房的窗台同病床一样高，病人在床上也可以看到窗外景色，室内灯光设计接近自然光，天花板呈淡棕色以减少病人单调感。病房就是病人的"家"，患者的生理特征要求有适宜的室内环境，主要是适宜的温度、湿度、流动的新鲜空气以及良好的日照采光，我们知道，患者从熟悉的家庭环境转入陌生的病房，对病情忧虑、恐惧，在心理上造成很重的负担，因此，创建温馨、自然、和谐、舒适、宽敞的病房环境非常重要。

（6）病区是病人住院期间治疗康复的生活空间，要最大限度地同时满足医护人员的工作需要和病人治疗、生活和康复的需要，重视环境空间对病人情绪和生理状态的影响，病区的设计重点在于重视功能的合理性，设计得当的病房空间、完善与美观的医疗气氛，可以减少病人的痛苦，唤起病人对生活的信心和乐趣，使病人通过视觉、听觉、触觉的刺激产生良好的心理效果。

（7）门诊部是另一个重要的诊疗环境。医院门诊大厅是病人来院就诊的最直观的第一印象，是代表医院形象的直接窗口，其环境布局至关重要。

## 7.2.2    医院室内设计的专项设计

**1. 医院文化设计和 CI 设计**

在遵循医院通性的原则下，突出本医院的特殊性。体现简洁、高效、人文、环保。

**2. 无障碍设计**

残疾人厕位应独立设置，且专用空间为最大。楼梯应设双导线扶手，以方便成人和儿童。楼梯应有起止步盲人指示。电梯门及轿箱需考虑轮椅、担架车的撞击防护。

**3. 照明**

对病员而言，照明不应过于明亮，也不宜过于黯淡。应避免灯具的眩光。光色最好选择显色性好且略偏暖色的。

**4. 供水及污水处理**

从系统选择、管道布置、管材及配件统筹考虑防疫要求，保证水质，防止交叉感染。采用非手动开关。污水分类收集、处理与回用。

**5. 管理智能化系统**

标准版本包括 13 个基本模块：门诊、挂号、候诊、计费、住院、检验、查询、成本核算、病案及人事管理、护士站管理等。要求安放位置合理；设施颜色与周围环境相协调；医护人员、病员使用的用具统一设计，同环境协调；能隐蔽的尽量暗装。

**6. 楼宇控制智能化**

包括空调、计算机站、局域网、多媒体、远程医疗系统、总控制室、电梯、五气、呼叫对讲、综合布线、安全监控、消防、通讯、有线电视、垃圾及水处理系统等。要求装饰风格应与整体空间相协调；装饰材料与原设施材质相协调，无明显修饰感；如设施的外部暴露部分在造型、颜色、质感等方面与整体环境相差较大，确实需要更换但又不能隐蔽的，应在安装前与供货商调整，以尽量避免损失；各设备在装饰面外的暴露交叉要同装饰饰面造型、线条形成韵律，同时保证设备功能不受影响。

**7. 专业标识设计**

文字、图案、色彩标识应醒目、清晰、明确。不同科室可采用不同色彩。色彩应淡雅、和谐。注意中外文对照、款式、位置、颜色、造型、质感、装修装饰。分三大类型。

户外类：一是医院整个区域各单体建筑的导向标识及楼牌；二是道路指引；三是医院服务设施导向。

楼层类：一是室内功能总平面及各层功能平面图；二是国家规范要求的标识（消防通道、出入口等）。

科室单元类：一是医疗单位的门、窗牌；二是公共服务设施标牌；三是行业规定的特殊标记。

## 7.2.3　医院装饰材料的选择

随着我国医院建设水平的不断提高，医疗环境越来越受到人们的重视。就国内目前的医疗环境建设而言，还有待加强。在这方面，香港、深圳、北京、上海等城市已有了很大的改进，但仍有很多医院环境未能达到标准，本节结合国内外大型医院的装修情况对医院地面及墙面装修材料的挑选提出一些参考性建议。

**1. 医院装修材料之主流**

在美国、韩国、日本等很多现代化医院大部分都采用环保型弹性地板＋环保型墙面保护材料（墙塑）＋医疗专用防撞型扶手的系统作为主要装修材料，如此可提供一套完善的地面墙壁保护和安全系统。欧美主要胶地板的厂商根据医院的实际情况持续互动的与医疗专家、建筑师、设计师进行密切合作，并与国外最权威的材质测试实验中心紧密配合是其成为潮流的主要原因。它设计研究出来的产品，多样化的外观设计，丰富的颜色选择，再配合各类踢脚线，楼梯板及预制成型的阴阳包角等，完全能满足医院装修的要求。

**2. 环保型弹性地板**

环保型弹性地材主要分三类：一、橡胶地材；二、亚麻地材；三、PVC胶地板。

（1）胶地材：采用天然橡胶、添加剂及填充剂制成，抗腐蚀性强、耐磨性高、抗压、熔点高达600℃、抗烟头、也有吸声的功效，保养也较简单，但因价位较高，很少大面积使用，国内目前有部分医院采用橡胶地板做走廊地面材料。

（2）亚麻地材：采用天然亚麻制成，比较环保，但并非所有的医院使用的化学品都能抵御，因其较难清洁及维护保养除有特殊要求，所以不建议医院使用，加上此材料最怕受潮，需投入的清洁保养费用也较多，所以并不太适用于南方或沿海地区使用。

（3）PVC胶地板：PVC胶地板一般分透心式及多层式两种，两种产品均有以下的优点：高阻燃性（FIRE RETARDANT）：通过世界各国及中国有关单位的验证，达到中国防火标准B1级；色彩亮丽：有多种花纹及颜色供选择，可做拼花，完全能满足客户的想象力；质量保证：PVC地材厂家一般对其产品承诺5～10年的质量保证，多层式胶地板的寿命视其耐磨值或耐磨层厚度而定；可翻新性：胶地板用过一两年后，可用抛光的形式再进行翻新处理；柔软度：地面与墙角之间容易形成卫生死角，但 PVC 胶地板的柔软度使其能配合承托底胶直接从地面弯曲上墙身；解决卫生问题：多层式胶地板与透心式胶地板都经过 PUR 处理的产品，多层式胶地板经 PUR 处理后，欧洲 EN433 测试达到 T 级（最高级），极耐磨，免打蜡，维护简单，节约清洁保养费用，免去使用蜡水等化学剂，减少环境污染。透心式胶地板也有经过 PUR 处理的（如法国得嘉及芬兰的爱神德透心地板等），产品可达到 P 级里的最高级别，也可免打蜡。

多层式与透心式胶地板又有以下差异：

1）多层式胶地板一般经"抗菌处理"（ANTI-BACTERIA TREATMENT），为客户提供更深层的卫生保障之余，亦可避免产品因霉菌等侵蚀而提早老化，延长了产品的耐用性，如法国得嘉与世界著名山度士药厂推出的抗菌处理，更具权威性。

2）大多数多层式 PVC 胶地板表面经过特别加工，防滑级别可达 R10 级，如地面上较湿或有水，也不易滑倒而造成损伤。

3）吸声及脚感：因为大多数多层式胶地板均有一层海绵底垫，其吸声效果好，脚感舒适，可为病人提供安静的环境。

4）多层式因其特殊的生产工艺，色彩及花纹较透心式的又丰富许多，多为无方向型花纹。

5）一般导电或抗静电地板均为透心式胶地板。

多层式及透心式胶地板各具优点，用户可根据其对地板的要求进行选择，如病房，走廊，手术室可用不同种功能的材料及颜色。

**3. 环保型 PVC 墙面保护材料**

一般传统的墙面保护材料是瓷砖、壁纸或涂料，但现代环保型 PVC 墙面保护材料则具有以下优点：

（1）跟传统墙壁材料相比，环保型 PVC 塑料墙面保护材料无论在厚度及结构上均更为扎实；特别耐刮、耐磨、容易清洁，不像一般油漆容易刮花；适合在有大量手推车及带滚轮家具环境中使用，如医院。一般医院病床均附有滚轮，常因碰撞而损坏墙壁上的油漆。

（2）环保型 PVC 墙面保护材料的高密度耐磨层能有效防止污垢渗入材料之内。而材料的特有表面压花在提供装饰效果时又同时保证简单的清洁和保养，大部分的污垢只需用微湿的干净抹布便可轻易除去。

（3）环保型 PVC 墙面保护材料经抗菌处理，如 GOLDENPINGER 品牌的墙塑防撞扶手经欧洲著名（Sandoz）的"Sanitized"防菌处理，为客户提供更深层的卫生保障之余，亦可避免产品因霉菌等侵蚀而提早老化，延长产品的耐用性。

（4）一般壁纸只有两英尺（约 60cm）宽，接缝多，只适合家居采用。而 PVC 塑料墙面保护材料有 1m 宽及 2m 宽的，专为面积广大的工程而设计，大大减少了接缝。

（5）款式众多色彩丰富是 PVC 墙面保护材料的又一大优点，可配合不同的室内装饰设计要求，装饰效果好。

（6）高阻燃性，通过世界各国及中国有关单位的验证，达到中国防火标准 B1 级。

（7）使用年限：一般 10 年左右，厂家提供五年原厂质量保证。

（8）有些质量较好的墙面保护材料的底部附有（不织布结构）纤维承托层，一方面可增强产品的尺寸稳定性，有效减低因温差而出现的热胀冷缩现象；另一方面又可使材料于将来更换时更容易整片撕下，减少了日后改造工程时所需的人力物力。

**4. 医疗专用防撞型扶手**

为减少或避免行动不便者（如老人、受脚伤及虚弱的病人、孕妇、儿童）跌倒时受伤的危险程度，防撞型扶手已成为医院走廊必备措施，加上厂家设计扶手时的亮丽外观，防撞型扶手兼具实用功能及装饰功能于一体。

# 7.3 医院室内的系统设计

对于一座庞大的医院，在纷杂的各种功能要求下，室内设计从何入手？在进行十余项医院大楼的设计与施工中，我们总结出最具共性和最基本的原则——按"系列设计"。即：空间系列设计、色彩系列设计、光环境及声环境系列设计、标识系统设计、典型空间及标准部位系列设计、无障碍与安全系列设计、文化氛围系列设计共七大系列。

## 7.3.1 空间系列设计

空间再设计是室内设计的第一任务。医院的室内空间设计除了延续建筑设计外，还应充分结合患者的心理活动。患者从医院外部进入医院共享大厅，再依次进入候诊厅、诊室、病房，每一个不同的心理需求对应不同的空间需求。我们应在充分满足患者心理需求的情况下进行分项设计。

欧美国家人口比例相对较小，在空间设计上追求温馨、亲切感，不强调患者有病的感觉，而是营造回家的气氛，从而避免患者对医院的恐惧感。

而亚洲国家人口众多（如韩国、日本）在空间设计上追求大尺度、高空间、追求气派，显露医院本身的高技术、权威性，从而使患者对医院产生信赖感。

我们结合中国国情，在大厅设计上采用亚洲大空间的设计手法，用材上较为高档、简洁、耐用，突出医院的权威感。而在候诊厅、休息厅、高级病房、专家诊室贵宾室等中小空间上，借鉴小尺度、亲和的设计手法，在材料色彩上较为温和，体现温馨感，使病人有"家"的感觉，心理平和地接受诊断和治疗。从空间功能、空间规模、空间动静、病人心理需求等方面来确定满足需求的特性设计手法。

例如：门诊大厅（问询、挂号、收费、取药）为大空间，动区，病人希望环境友善，对医院第一印象产生信赖感，希望尽快到达候诊科室，具备宜人的排队等候环境，具备良好的空间指导等。因此，在设计中应大量采用简洁、耐用的中高档材料，大量重复性标识指引牌、电子屏、公用电话、室内绿化等设施齐全，有较高的室内照度。

候诊区为中空间，亚静区，病人希望尽快与医生见面，检查咨询病情，应具备相对安静的等候环境，能观察到诊室内的工作情况。设计应采用通透隔音的隔断材料，提供舒适的座椅、电视、电子屏、叫号系统等设施齐全，营造相对稳定的等候环境。

各诊室为小空间，静区，病人希望得到明确的诊断结果和满意的治疗方案，具备亲切宜人的环境，具备相对的私密性。设计应大量采用简洁、耐用的材料，局部高档材料点缀，使用浅色调平和病人情绪。

## 7.3.2 色彩系列设计

色彩对空间具有调节作用。色彩对空间大小、远近通过人对色彩的错觉进行调节。高明度暖色（如红、橙、黄）称为"前抢色"，低明度冷色（如绿、蓝）称为"后退色"。当某些空间过于松散时，可采用前进色，使空间产生紧凑感，相反，如旧病房改进工程，走廊空间狭窄时，就可以使用后退色，使空间显得宽敞。

色彩的配置是医院室内设计的常用设计手法。

（1）根据楼层不同、科室不同，通过色彩加以区分，也是建筑上配合标识系列的手法之一。

（2）各种配色都具有不同的特点，或平淡，或突出，或古典，或清晰。在医院统一规划配色，以平淡柔和的浅粉和高雅的淡灰组色为主（如白＋米色、粉绿＋象牙黄、浅蓝＋象牙白、灰白＋米黄等），局部需要画龙点睛的部分点缀少量的清新组合（如蓝＋白、灰＋橙）。关于色彩的辅助医疗功能性简述如下：

红色：能促进血液流通，加快呼吸，焕发精神，促进低血压病人的康复，对麻痹、忧郁病患者有一定刺激缓解作用 。

粉红：给人安抚宽慰，能激发活力，唤起希望 。

橙色：促进血液循环，改善消化系统，活跃思维，激发情绪，对喉部、脾脏等疾病有辅助疗效，为医院的餐厅、咖啡厅所喜爱的色彩 。

黄色：温和欢愉，能适度刺激神经系统，改善大脑功能，对肌肉、皮肤和太阳神经系统疾患有一定疗效，浅色调的米黄、乳黄是医院室内色彩的基调。

绿色：生命之色，安全舒适，降低眼压，安抚情绪，松弛神经，对高血压、烧伤、喉痛、感冒患者均适宜。国外有人提出"绿视率"理论，认为绿色在人的视野中占到25％左右时，人的心理感觉最为舒适。

蓝色：平静和谐之色，用以缓解肌肉紧张，松弛神经，降低血压，有利于肺炎、情绪烦躁、神经错乱及五官疾病的患者。

紫色：可松弛运动神经，缓解疼痛，对失眠、精神紊乱可起一定调节作用。紫色可使孕妇安静，在相关科室可选用浅紫罗兰色调。

色彩知觉的交感性：

温度感：红、橙色热，黄色温，蓝绿色冷。浅黄色对高热病人有退热作用，寒病患者则宜于暖色调环境。

声音感：热色闹，冷色静，热色扬，冷色抑。狂躁病宜于冷色调，抑郁症宜于暖色调。

距离感：色彩的距离感是不同的，由近及远依次是红＞黄＝橙＞紫＞绿＞蓝。警示标志常用进色，消除压抑，扩展空间感常用退色。

重量感：色彩的重量感是不同的，明度高的轻，明度低者重；彩度低者轻，彩度高者重。由轻到重的顺序是白＜黄＜橙＜绿＜紫＜蓝＜黑。因此医院中的重型、大型结构物和医疗设备都漆成浅色调，以消除笨重感。

## 7.3.3 色彩、心理、和谐统一

医院环境色彩是将医院建筑、设备、交通、器械等施以色彩，利用色彩所具有物理、心理和生理的性质，为医院环境提供舒适、美观、高效、安全、方便的环境。配色设计已成为现代医院环境调节手段的一个重要技法。医院环境色彩的合理运用，符合现代医院管理的要求，使医学与各门学科在更深、更高层次上紧密地结合起来，为人类健康和疾病防治不断提供最优医学服务环境。

## 7.4　医院各功能空间设计要点

满足医疗功能和先进医疗设备技术的要求，以人为本，营造病人及医护人员治疗、享受的生活环境，是医院装饰观念的转变，也是设计师的工作重点。这不仅是对病人心理上的满足，同时树立了医院的形象，提高了工作人员的积极性，为医院的竞争创造了积极的条件。

### 7.4.1　医院重点的公用空间设计

一般来讲，医院的综合大楼门厅、电梯前室、过厅走廊、服务台及护士站、配套的餐饮服务及文化设施等是重点的装饰部位。它们既是相互独立的功能空间，又有互相关联的因素，因此，变化中力求在风格上协调统一，作为引入功能的空间同内部形态有机的结合兼顾各服务单元的联系是体现一个现代化医院的重要部分，因此在投资造价上也就有所侧重，通过新型装饰材料的组合，灯光、色调的烘托，新颖的造型表现方法，塑造一个高雅的环境。

天花：大型综合医院及投资较高的专科医院，通常采用不锈钢或型钢结构造型艺术吊顶，一般装修水平的医院采用铝塑板和石膏板造型并在特殊部位加饰不锈钢线条，石膏板一般采用中德合资可耐福的品牌，以满足弯曲造型使用，达到物美价廉的效果。

墙面：虽然有的医院大面积地使用了进口或国产花岗岩、大理石，并附以异型线条造型，以营造气派、豪华的感觉，但国外的医院大部分使用高档的瓷砖、文化砖、文化石及矾理纹乳胶漆，通过别具匠心的设计，使人耳目一新，充满亲切感。大面积的采光玻璃可采用不锈钢驳接结构或横向分割的条型钢中空玻璃结构。大门或区间门，一般采用不锈钢或型钢平开感应自动门，大厅正门入口处可设双层门，以节省能源。过厅、走廊在显要位置可适当利用艺术玻璃、文化石、特殊纹理的木夹板、花纹不锈钢、皮革软包等作造型处理，并设置专门灯光，既增加了气氛，又可达到强调技术因素的作用。较小规模的专科医院或诊所，也可采用木饰面、铝塑板造型饰面，但因为使用寿命较短，除特殊效果外一般较少使用。

地面：一般都同墙面配合选用材料，如果墙面使用大理石或花岗岩，地面也选用石材，并用两种以上的石材拼贴造型。目前一般采用高档的防滑地砖或人造地胶板，如美国的阿姆斯特朗、德国的特佳塑美等品牌，用两种以上的色泽、纹理拼贴成图案，效果极佳，尤其是服务台、护士站、过廊等。

灯饰：灯饰和光线的运用是一个不可忽视的重要表现因素，通过配合天花、墙面的造型，创造室内优雅的气氛。藏灯、灯带光的漫泛射，射灯、筒子灯的光影，组合灯的照明与较强的装饰性，壁灯的光斑效果，会增加空间的趣味性，能起到振奋精神的重要作用。

## 7.4.2　门诊部设计

门诊部是一个向患者每天提供初诊、复诊的场所，包括内科、外科、妇产科、小儿科、治疗室等。门诊部各科室的候诊区、休息室、服务台等是同医院内部整体的联系服务单元，也是装饰的重点部位，要创造轻松、舒适的气氛，使患者有一种家的亲切感，使心理上得到放松，展示一个宽敞、简洁的优雅环境。

顶棚：尽量减少由于层高带来的压抑感，吊顶材料一般使用白色单面铝塑板或石膏板造型，配以藏灯及明亮的组合灯、壁灯。

墙面：一般选用浅色的木饰面如枫木、黄胡桃等造型装饰，也可选用适当的壁纸、肌理纹乳胶漆，个别的重点部分，可适当使用文化石、花纹不锈钢、艺术玻璃等，以增强气氛。沙发、座椅一般选用布艺或麻布、真皮浅色调饰面，以缓解视觉上的疲劳。深色调的木作饰面附以坚固有力的线条组合，表现了空间的精致淡雅，色调的明快与对比，给人以宁静舒适感。

地面：综合性医院一般选用防滑地砖或地胶板，专科医院及私人诊所可选用地毯，以创造温馨的亲切感。

## 7.4.3　诊室设计

诊室设计要根据功能不同、服务对象不同，在色调风格上采用不同的表现方法。妇产科要表现女性的温柔和纤巧，环境要平静安逸，装饰色调淡雅，小儿科要适当处理以较丰富的色彩装饰饰面和造型，布置儿童壁画和饰物。

地面：一般采用防滑地砖或人造地胶板，并在四周处理 20cm 宽的波打边，并注意色泽花纹的搭配。天花：通常只作局部的石膏板吊顶造型，以包饰结构过梁或设备管道，尤其是在门的入口处，一般要包饰厚度在 20cm 宽 120cm 的造型，以解决空调末端及消防喷淋管线路造成的缺陷，并作白乳胶漆涂饰，注意留好检修口。在造价允许的范围内，也可采用隐形轻钢龙骨矿棉板吊顶，这样更便于维护，嵌入 60cm×60cm 或 60cm×120cm 的格栅灯，效果庄重大方。如局部吊顶，室内采光可选用组合日光灯，装饰及使用效果比较好。墙面：除儿科、妇产科等需有趣味性气氛环境外，一般采用浅色调的或白色的平涂乳胶漆饰面，局部可使用小肌理纹的乳胶漆。专科医院、私人诊所也可采用壁纸，如层高尺寸允许，可在阴线下 30cm 处装一挂镜线，一是作墙面挂饰物用，另一方面也对较呆板的墙面进行了分割。挂镜线以上墙面可同天花一样用白乳胶漆涂饰增加空间层次感。窗帘一般采用横向彩色铝合金百页或布幔，但色泽必须和墙面相协调。设施：桌椅、橱柜、门、窗、挂镜线、窗帘盒等木制品，要同接待候诊区、过廊及整个风格相一致，保持造型，色泽、纹理的统一。需要隔离的隔断、屏风等，除起到保护患者的隐私外，也应设计的造型新颖和其他装饰部位起到相互衬托的作用，以增加艺术氛围，减少患者的心理压力。

治疗用的设施、器具，按使用功能设置得当，在方案设计时作好专业咨询，线路注意隐蔽，包饰在基层内。

## 7.4.4　住院部（病房）设计

这是病人较长时间治疗的场所，也是体现一个医院服务水准的重要组成部分。建筑装饰的设计原则就是要考虑病人和医护人员的需求，向他们提供一个温馨亲切的空间。在这里着重应体现的是整体色调和室内环境布置，它给人以丰富的整体感。应根据科室医疗特征、患者对象的不同，而选择使用不同的色彩作为它的主色调，如妇产科选择浅粉红色，儿科选择浅绿色，包括床上用品等。选择装饰材料的合理搭配，通过纹理、色泽、质感等特性语言，塑造一个艺术享受的空间。

一般条件的病房、天花、墙、地面装修同诊室差不多，在此就不重复介绍，着重阐述功能较有特点的病房及周围环境供参考。

高标准的病房给人以一个星级标准的家，充分体现自如温暖，毫无生疏感，极大减弱了病人的心理压抑感。环境氛围：客厅、娱乐室、陪护室等都应精装修，可根据整体的风格或特殊的因素灵活选择装饰的饰面材料，墙面造型、区间工艺隔断与墙体应具有独特的艺术造型和配挂饰物，色泽同墙面的色彩应协调中求变化，才能有生气。

功能布局：一般设置治疗、接待会客、书房兼办公、陪护室、娱乐健身、厨房、卫生间等功能区域，一些国外的医院还设置了佛堂、祈祷室，利用过厅走廊布置成小画廊、室内花园或建筑小品等，并根据每个空间使用功能的不同，作造型、饰面设计。

顶棚：应作艺术吊项，如木作、高级石膏板造型等，但必须同墙面协调，色调不宜过深。

墙面：大部分墙面可选用进口彩色乳胶漆、颜色根据整体气氛确定，可装饰小肌理纹或平涂。在有造型的地方和需要强调的部位，可采用不同的纹理、颜色的大矾理纹乳胶漆、文化石、艺术玻璃、织物软包、特殊纹理及颜色的木饰面造型，甚至造型铝单板、花纹不锈钢、发光玻璃墙面等。注意卫生间、厨房的瓷砖不要太花哨。

地面：最为常见的是木地板，如胡桃木、桃花心木、铁杉、檀木等，纯毛地毯也比较受欢迎，也可以相搭配使用，一般不宜大面积采用硬质的石材、瓷砖等。

设施：应根据各个空间的功能、特点，选配不同挂画，挂饰物等工艺品。主入口的走廊、过厅是一个小的共同空间，条件允许的情况下应布置小画廊，小型室内雕塑、水景等景观。家具的造型，色调、面料以及床罩、枕套、窗帘等布艺，必须同整体格调相协调。卫生间洁具要安装方便病人的保护装置，橱柜应选用封闭式流线型的。

## 7.4.5　手术区、治疗区设计

这个区域最主要的技术因素就是根据其使用功能严格执行国际、国内有关的卫生标准。因此，使用的材料首先必须符合国家环保规范要求，并且在使用过程中易于清洗、安全可靠。在环境氛围中力求表现舒适的亲切感，能够给病人心理上带来安宁平静，缓解紧张的情绪，以配合治疗。

顶棚：应首选厚度超过 8mm 以上的焗油铝单板或烤漆铝板，有方形或条形两种，饰面有穿孔的易污染，一般不宜使用。也可使用防水石膏板，最好双层交叉压缝使用，有较好的稳定性，刮防水腻子，滚涂防水乳胶漆，并罩防水面涂层，这样经济、耐用，效果也不错。色彩一般选用白色或骨色。吊顶预留的设备末端及检修口应处理好。

墙面：是营造气氛的主要部位，一般选择骨色、淡绿、淡蓝等浅色调。如果墙面基础较好，可选用防水乳胶漆饰面，底腻子也必须选用防水型的，在腻子和原墙面之间所使用的底漆，是牢固乳胶漆饰面层和原墙体的粘结作用，以防乳胶漆面层潮湿后起鼓、脱落等。乳胶漆可选用小矾理纹饰面，如点状、小树皮纹等，也可滚涂和喷刷。为了便于清洁，墙面一般不做造型。如果造价允许，也可使用厚度在 12mm 以上的锔油铝单板、单面铝塑板、磨砂玻璃、大规格瓷砖等，但效果比防水小肌理纹乳胶漆并无太大的差异，除非必须与大的环境要求相协调，而且接缝必须打好防水密缝胶。墙的拐角、柱子角及所有阳角必须处理成半圆弧形，以防碰撞，尤其是金属饰面，必须加半圆弧外角或 1/4 内角。注意：设备管线、电路应装饰好并按要求做好检修预留，末端位置得当适用。

地面：通常使用较好的防滑瓷砖，色调不宜太深，与墙面交接的阴角处必须使用同地面相同的专用 90°直角瓷砖阴角线，与墙面连接处必须打防水密封胶，以达到防水效果。也可使用卷材进口地胶板，但拼缝焊接必须牢固、无砂眼，以保证防水性能。施工工艺精湛的水磨石地面，在国外也很受欢迎。

其他：与之配套的医护人员休息室、吸烟室、家属休息室等，可参照以上理论，体现一个优雅的工作生活环境。平开感应自动门设计必须造型现代，并使用触碰开关门禁，最好使用数字识别门禁系统，将会极大地方便医护人员。卫生洁具应采用带感应器的高档或进口产品。

## 7.4.6　影像诊断部设计

这类空间重要的是满足防辐射的要求，依据设备厂商提供的维护结构铅当量，选用铅板，将铅板复合在铝板背面。所有墙面除门和铅下班窗外，均可用色彩淡雅的铝板架空安装，注意固定螺丝孔导致防护漏洞，最好为粘贴式。铅板门宜采用胶合板装饰面，垂直方向一般无防辐射要求，可用铝扣板吊顶。

这类空间因设备较多，装饰必须适应设备的要求，因此在灯光处理上要切合科室实际，设备的管线及末端要处理好，既保证使用时方便检修，又要美观好看，因此墙面要包饰隐蔽好，地面管线应在木地板或防静电专用的铝合金地板下面。

# 7.5　医院室内装饰设计案例

本案例（见图 7-1～图 7-32）医院室内装饰设计是在原建筑方案的基础上引进深化设

图 7-1　大厅效果图

计，以满足使用功能要求为前提，使得流程合理、功能运行高效有序，使现代科技同文化艺术结合，使高超医疗技术同情感相融合，通过独具匠心的创意，利用光、影、色的精心组合来影响室内氛围和人们的心理情绪，塑造一个健康的医疗环境。

设计师对重点部位精心设计，突出亮点，如大厅、电梯厅、过厅走廊、手术室、服务台、护士站、餐饮及文化设施等。它们既是独立的功能空间，又有相互关联的因素。因此，变化中力求协调统一。大厅、电梯厅等大的公共空间作为引入功能的空间同内部形态有机的结合，兼顾各服务单元的联系，体现出一个现代化医院的重要组成部分，塑造一个

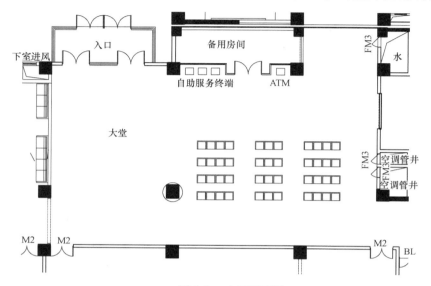

图 7-2　大厅平面图

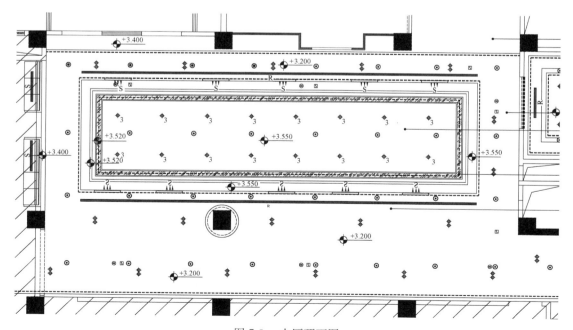

图 7-3　大厅顶面图

高雅整洁的医疗空间。

## 7.5.1    医院大厅

入门的大厅部分整体的感觉宽敞、整洁、美观。整个大厅的色调采用淡暖黄，使患者

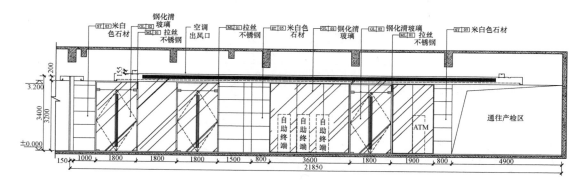

图 7-4    大厅立面图一

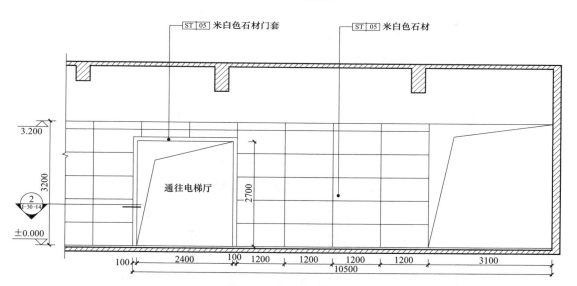

图 7-5    大厅立面图二

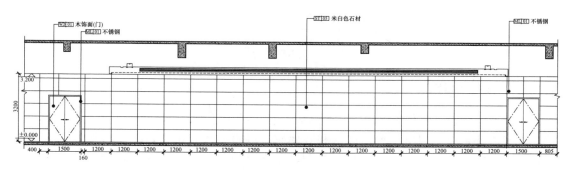

图 7-6    大厅立面图三

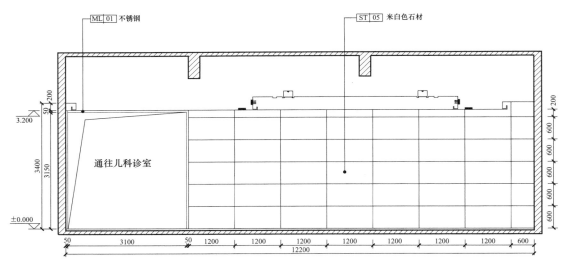

图 7-7　大厅立面图四

和家属在进入大厅的时候有一种心理上的温暖感。大型的落地窗户便于整体的采光使整个大厅通透明亮。大厅四面墙壁适当的点装带有凹凸效果的石材装饰，使整个大厅的装修不过于单调。如图 7-1～图 7-9 所示。

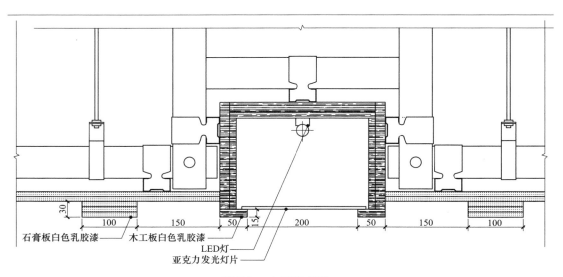

图 7-8　大厅节点图一

## 7.5.2　医院电梯厅

本案电梯厅设计整体方案以实用性、安全性设计为原则，整体设计以清透、雅致、稳重、大气之外，亦表现出一种力度感和效率感。以直线块式吊顶，无形中拓展了视觉空间，显得气宇轩昂，冷暖相宜的灯光影调，点染室内的立体感。在变化中呼应着整体安静、清澈的自然感，不落俗，不花哨。如图 7-10～图 7-18 所示。

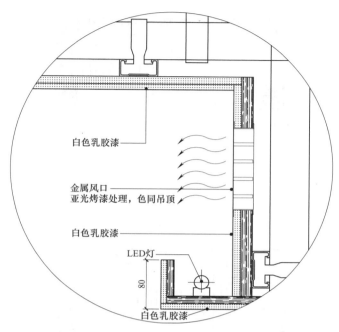

白色乳胶漆

金属风口
亚光烤漆处理，色同吊顶

白色乳胶漆

LED灯

80

白色乳胶漆

图 7-9　大厅节点图二

图 7-10　电梯厅效果图

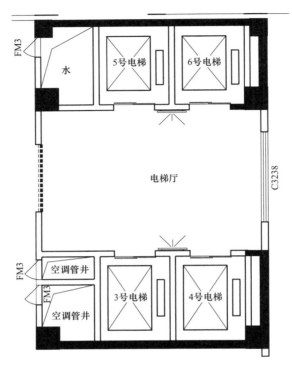

图 7-11　电梯厅平面图

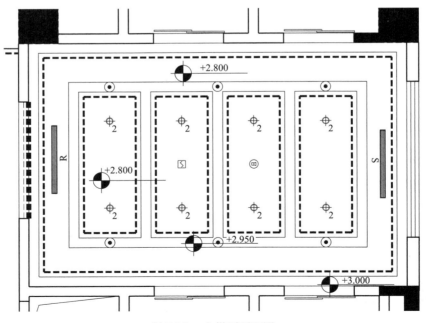

图 7-12　电梯厅顶面图

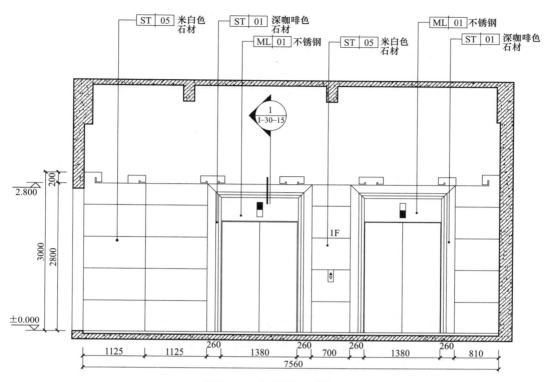

图 7-13 电梯厅立面图一

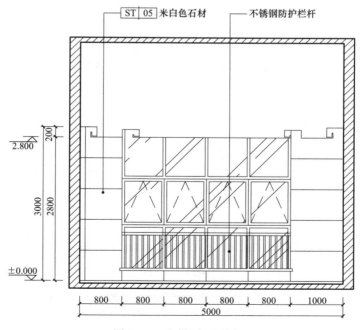

图 7-14 电梯厅立面图二

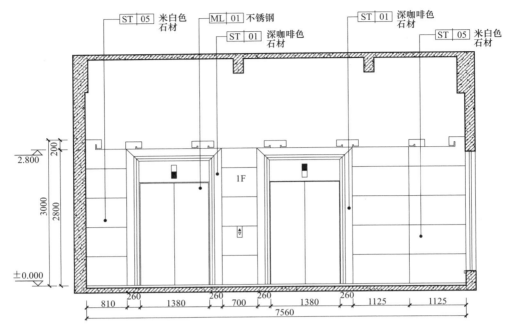

图 7-15 电梯厅立面图三

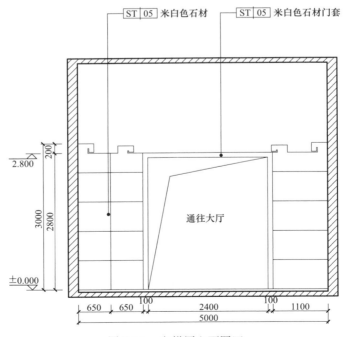

图 7-16 电梯厅立面图四

172

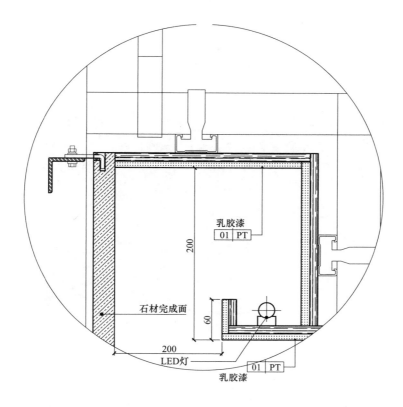

图 7-17　电梯厅节点图一

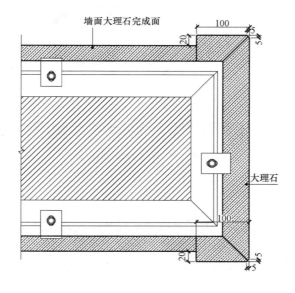

图 7-18　电梯厅节点图二

### 7.5.3　医院护士站

亲切幽雅是本案设计护士站的宗旨，力求其与环境相融，让室内的使用者及周边的人都要感到踏实、温暖。设计要新颖大方，布局合理实用。造型、色彩要根据环境及建筑进行专门设计。如图 7-19～图 7-25 所示。

图 7-19　护士站效果图

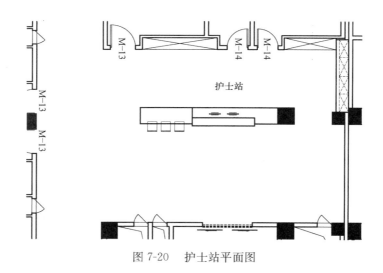

图 7-20　护士站平面图

### 7.5.4　医院病房

本案医院的病房室内空间设计除了延续建筑设计外，还充分结合患者的心理活动。另外在干部病房、高级病房、VIP 病房、特殊病房等中小空间上，一般借鉴小尺度、亲和的设计手法，在选材料色彩上应较为温和，体现温馨感。使病人有"家"的感觉，心理平和地接受诊断和治疗。如图 7-26～图 7-32 所示。

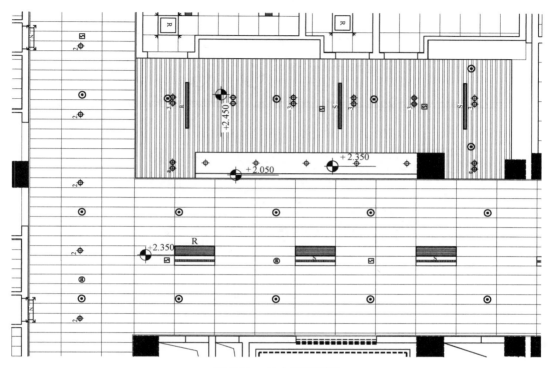

图 7-21　护士站顶面图

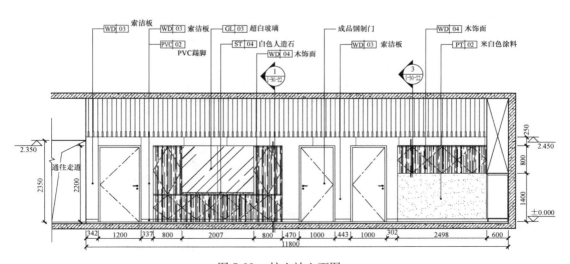

图 7-22　护士站立面图一

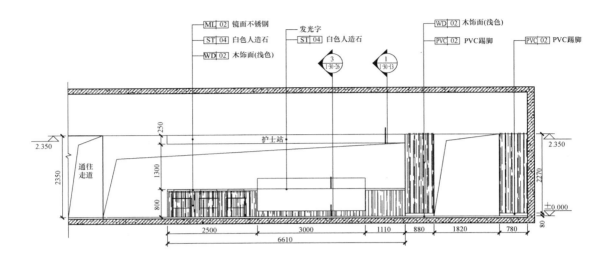

图 7-23　护士站立面图二

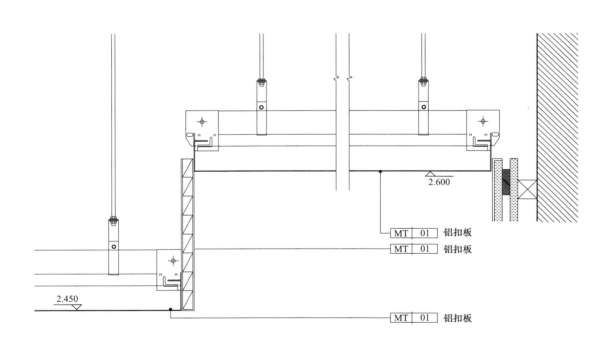

图 7-24　护士站节点图一

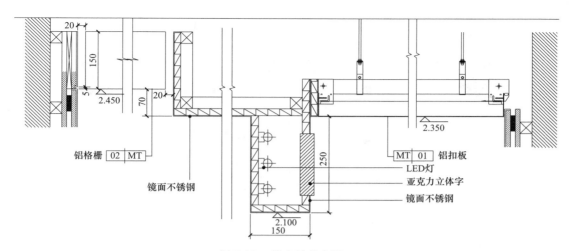

铝格栅 02 MT
镜面不锈钢
LED灯
MT 01 铝扣板
亚克力立体字
镜面不锈钢

图 7-25　护士站节点图二

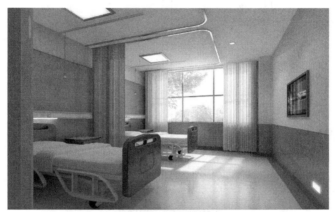

图 7-26　病房效果图

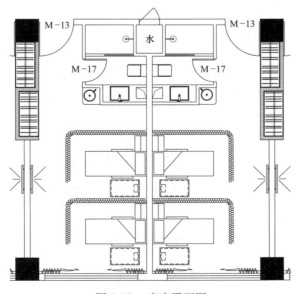

图 7-27　病房平面图

177

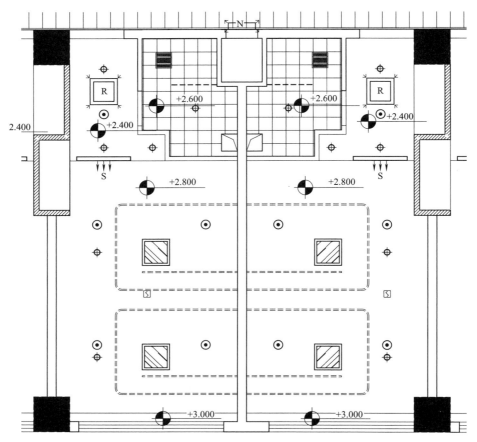

图 7-28　病房顶面图

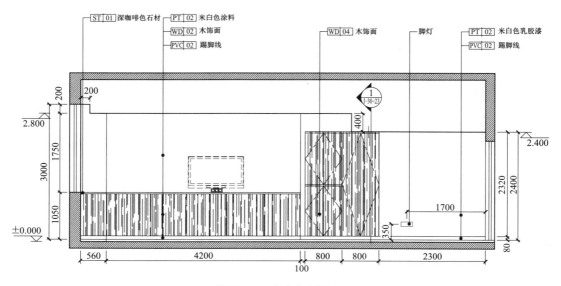

图 7-29　病房立面图一

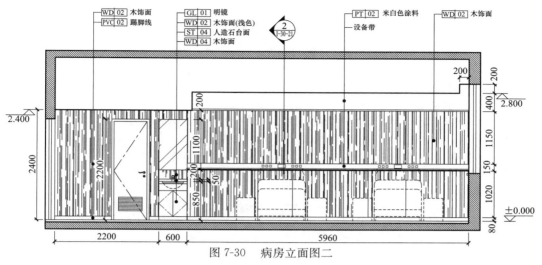

图 7-30　病房立面图二

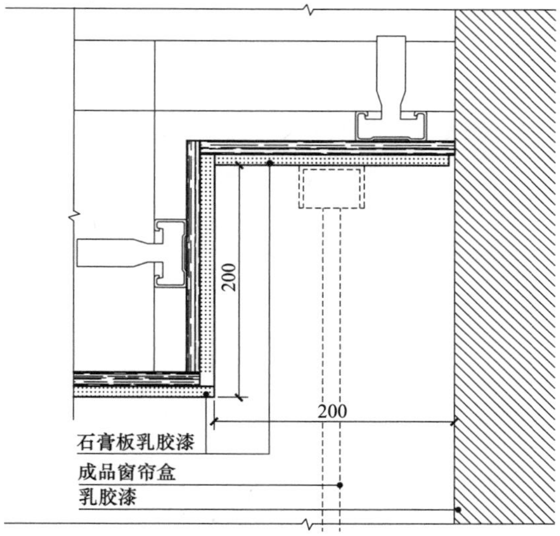

图 7-31　病房节点面图一

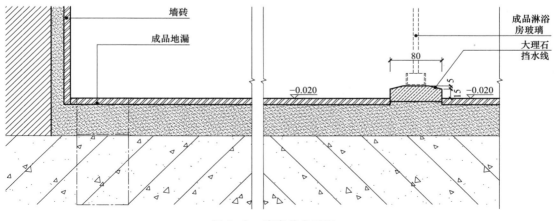

图 7-32　病房节点面图二

# 参 考 文 献

［1］ 陆震纬，来增祥. 室内设计原理［M］. 北京：中国建筑工业出版社，1997.

［2］ 张绮曼，盘吾华. 室内设计资料集［M］. 北京：中国建筑工业出版社，1991.

［3］ 席跃良. 设计概论［M］. 北京：中国轻工业出版社，2004.

［4］ 朱钟炎. 室内环境设计原理［M］. 上海：同济大学出版社，2003.

［5］ 刘盛璜. 室内设计原理人体工程学与室内设计［M］. 北京：中国建筑工业出版社，2004.

［6］ ［日］高木干朗. 马俊，韩毓芬译. 宾馆·旅馆［M］. 北京：中国建筑工业出版社，2002.

［7］ 高祥生，韩巍，过伟敏. 室内设计师手册（上、下）［M］. 北京：中国建筑工业出版社，2005.

［8］ ［美］黛布拉·莱文. 常文心，殷倩译. 医院建筑室内设计、导视标识设计建筑设计书［M］. 辽宁：辽宁科学技术出版社，2014.

［9］ 贾洪梅. 国内当前地铁车站室内环境设计的方法及发展初探. 南京：南京林业大学出版社，2006.

［10］ 陆震纬，来增祥. 地铁车站空间环境设计——程序·方法·实例［M］. 北京：水利水电出版社，2014.

［11］ 文健，周可亮，关未. 办公空间设计与表现［M］. 北京：清华大学出版社，2012.